LA CONQUÊTE PACIFIQUE

DE

L'AFRIQUE OCCIDENTALE

PAR LE SOLEIL

CH. TELLIER

INGÉNIEUR CIVIL

PARIS

LIBRAIRIE CENTRALE DES SCIENCES MATHÉMATIQUES
ÉLECTRICITÉ, ARTS MILITAIRES ET INDUSTRIELS, AGRICULTURE, ETC.

J. MICHELET, Éditeur

25, Quai des Grands-Augustins (près le Pont Saint-Michel)

1890

LA CONQUÊTE PACIFIQUE

DE

L'AFRIQUE OCCIDENTALE PAR LE SOLEIL

PARIS. — IMP. CHARLES SCHLAEBER, 257, RUE SAINT-HONORÉ.

LA CONQUÊTE PACIFIQUE

DE

L'AFRIQUE OCCIDENTALE

PAR LE SOLEIL

CH. TELLIER

INGÉNIEUR CIVIL

PARIS

LIBRAIRIE CENTRALE DES SCIENCES MATHÉMATIQUES

ÉLECTRICITÉ, ARTS MILITAIRES ET INDUSTRIELS, AGRICULTURE, ETC.

J. MICHELET, Éditeur

25, Quai des Grands-Augustins (près le Pont Saint-Michel)

1890

NOTE DE L'AUTEUR

Le titre de ce travail peut paraître bizarre.

Il est cependant exact.

Il importe en effet, dans tous les pays neufs, d'utiliser d'abord les forces naturelles.

Or, le soleil est, en Afrique, la force naturelle par excellence, puisqu'elle existe partout, avec une puissante intensité.

Démontrer :

L'opportunité de l'extension française en ces contrées ;

La possibilité de rendre cette extension facile et profitable;

Le rôle que doit jouer la chaleur du Soleil dans cette œuvre humanitaire;

Tel est le triple but que se proposent d'expliquer les lignes qui vont suivre.

Ch. Tellier.

Paris-Auteuil, 20, rue Félicien-David.

La Conquête Pacifique

DE

L'AFRIQUE OCCIDENTALE PAR LE SOLEIL

EXPOSÉ

Un revirement complet s'est fait, ces temps derniers, en Europe.

L'Afrique, qu'on croyait un pays inculte, improductif, s'est tout à coup révélée à nos yeux.

Des explorateurs de plus en plus nombreux l'ont parcourue en tous sens, et de leurs recherches, de leurs rapports, il est résulté ceci : c'est que l'intérieur de l'Afrique est un pays moins civilisé, bien certainement, que l'Europe, mais presque aussi peuplé ; que, de plus, il jouit d'une fertilité remarquable ; qu'enfin il présente, dans son ensemble, un état social beaucoup plus avancé que nous ne le supposions.

Le Sahara, lui-même, dans lequel nous étions habitués à ne voir qu'une continuelle sécheresse, avec toutes les horreurs de la faim et de la soif, se manifeste à nous maintenant sous son véritable jour.

C'est bien encore le désert de sable que nous connaissions, présentant à l'œil inquiet un horizon sans bornes ; mais ce sable n'est pas, comme on le croyait, rebelle à la culture.

Il ne lui manque que de l'eau.

Or, cette eau, dans bien des cas, coule sous le sol, affleurant presque sa surface.

Elle est donc à notre disposition absolue, si nous avons des moyens suffisants pour la capter et la faire surgir.

Ces faits, nettement appréciés maintenant, expliquent le revirement plus haut signalé. Son importance est telle que, depuis quelques années, tous les états européens ont voulu successivement prendre une part de ce sol africain.

Chacun d'eux a compris, en effet, que le jour n'est pas loin, où nos habitudes étant passées peu à peu dans les mœurs des indigènes, l'Afrique sera un immense centre de consommation, par conséquent un immense champ d'exploitation.

Ce champ d'exploitation demandera forcément à la vieille Europe toutes les satisfactions que comportera sa nouvelle civilisation et les nécessités par elle imposées. Il y a donc un intérêt puissant à s'y assurer, dès à présent, des marchés.

Ceci n'a échappé à aucune puissance du Nord continental.

C'est ainsi que successivement :

L'Angleterre, —l'Allemagne, —l'Italie, — la Belgique, — l'Espagne, — le Portugal, sont entrés dans cette voie, s'appropriant, dans le nouvel Eden, des territoires plus ou moins grands.

Ces territoires, pour la plupart, ont dû heureusement se limiter jusqu'ici à des lambeaux de littoral.

Mais la vérité se fait de plus en plus jour et les appétences augmentent proportionnellement.

Dans le partage hâtif qui se fait ainsi du sol africain, la France a droit, entre toutes les nations, et par acte de justice, à la meilleure part.

Voici pourquoi :

On ne peut oublier que c'est elle, qui a affranchi la Méditerranée des déprédations causées par les pirates africains. Ces déprédations n'étaient pas de peu d'importance. Elles se traduisaient trop souvent par le pillage des habitations, le meurtre des hommes, l'enlèvement des femmes et des enfants.

On pourrait croire qu'en énonçant ces faits, nous voulons rappeler le moyen âge ?

Non ! Nous remontons seulement à soixante ans.

L'année 1830 est, en effet, une date mémorable.

Elle doit laisser chez tous les peuples de l'Europe un profond souvenir de gratitude.

C'est cette année-là qui a vu la prise d'Alger, et par suite la cessation d'un état de choses qui, non seulement remplissait de terreur les populations de nos côtes méridionales, mais aussi celles d'Espagne, d'Italie ; en un mot de tout le littoral méditerranéen.

Mais on oublie vite.

Aussi, maintenant que cet immense service a été rendu au monde civilisé, on ne songe plus que la France, pour obtenir ce résultat humanitaire, a dû sacrifier, pendant de longues années, une large part de ses ressources, comme les meilleurs de ses soldats.

Il faut dire que notre torpeur habituelle

aide un peu à cet état de choses. Aussi, pendant que tous les peuples, voyant clair dans la question africaine, établissent leurs droits futurs par des prises de possession plus ou moins légitimes, nous, nous semblons ne pas savoir que la clef véritable du centre de l'Afrique est l'Algérie, et que c'est nous, qui ayant conquis et pacifié ce pays, possédons cette clef.

Nous oublions, de plus, qu'il y a derrière le Sahara, entre nos possessions de Sénégambie et du golfe de Guinée, cent millions de consommateurs ; qu'il dépend de notre volonté de mettre cette immense force consommatrice, à la disposition de notre production nationale.

La conséquence de notre incurie à cet égard est grave.

Elle laisse la porte ouverte aux compétitions étrangères.

En même temps, elle méconnaît nos intérêts les plus considérables.

Voici comment :

Tous les vieux peuples sont producteurs, mais tous, par le fait même des progrès incessants de l'industrie, sont conduits fatalement à des excès de production.

Comme leur consommation ne croît pas

avec ces excès de production, elle ne peut les absorber.

La conséquence de cet état de choses est qu'ils sont vite conduits à la pléthore.

Cette pléthore amène forcément la ruine, si les peuples ainsi affectés ne savent créer des courants dérivatifs à l'exubérance de leurs productions, ces courants ayant pour but le maintien de l'équilibre entre la fabrication et l'écoulement des produits manufacturés.

Nous sommes en plein dans cette situation.

Nous rivalisons avec l'Angleterre, par exemple, pour l'activité créatrice ; mais nous ne savons pas, comme elle, jeter dans tous les coins du monde le trop-plein de nos forces, comme celui de nos productions.

Eh bien, il nous faut, sous peine d'un affaiblissement national considérable, frappant l'industrie d'abord, l'agriculture ensuite, remédier à cet état de choses.

Ceci est, à l'époque présente, la première des lois d'économie sociale.

Indiquer les moyens d'atteindre ce résultat est l'objet principal de ce travail.

Nous allons examiner, dans les pages qui vont suivre, ce qui est à faire en ce sens.

Nous démontrerons de plus, comme nous le disions dans la note placée en tête de ce travail, que, par les conditions climatériques mêmes, offertes par le pays qui nous occupe, la solution peut être aisément trouvée.

CHAPITRE Ier

LE TRANSAFRICAIN OCCIDENTAL

ET LA SOCIÉTÉ FRANÇAISE DU CENTRE AFRICAIN

Nous venons de démontrer qu'il fallait créer d'immenses débouchés à notre industrie, à notre agriculture. Pour atteindre ces résultats, revenons à cette terre d'Afrique, ouverte à nos efforts par le sang français.

Nous trouverons là, comme nous l'avons dit, des besoins considérables.

La satisfaction à eux donnée sera d'autant plus productive, que les peuples par nous approvisionnés, nous renverront, en échange de nos produits, les matières premières fournies par eux, matières pour la plupart nécessaires à notre fabrication.

Il y a donc là tout bénéfice à recueillir.

C'est l'intérêt de notre sol, qui diffère du sol africain, et qui, par conséquent, ne peut être concurrencé par lui;

C'est l'intérêt de notre industrie, qui ne peut être gênée par la concurrence de ces peuples primitifs;

C'est l'intérêt de nos populations trop sédentaires.

Celles-ci trouveront, dans ce nouvel état de choses, deux avantages immédiats et précieux :

Le premier sera un débouché, pour de nombreuses individualités, inoccupées chez nous. Ces individualités rencontreront, dans une contrée voisine de la nôtre, c'est-à-dire en rapport, au point de vue émigratoire, avec nos habitudes trop sédentaires, les moyens d'appliquer leurs aptitudes.

Le second sera l'immense développement déjà signalé donné à notre industrie, et par suite, l'utilisation dans notre propre pays, d'une partie de nos forces financières, intellectuelles et actives.

Là, se trouve donc un très grand progrès à accomplir.

Pour le réaliser il faut agir vite.

Ne nous le dissimulons pas en effet, le flot européen monte rapidement en Afrique. Si nous voulons y rester prépondérants, il faut, non pas que nous prenions les devants, nous n'en sommes déjà plus là, mais que dans la légitime prise de possession, que nous avons le droit et le pouvoir de faire

encore, nous ne nous laissions plus at-
tarder.

Or, pour que cette prise de possession
légitime se fasse aisément, que faut-il faire?

Le moyen est tout indiqué.

Créer une grande artère ferrée, qui, partant du littoral algérien, gagnera d'abord le
Niger; puis ira rejoindre nos possessions
de la Côte d'Ivoire. En un mot établir une
ligne transcontinentale, qui traversera toute
l'Afrique occidentale, de la Méditerranée au
golfe de Guinée.

L'artère, ainsi formée, réunira l'Algérie,
à l'aide du Niger, avec nos possessions de
Sénégambie et celles du Grand Bassam.

On constituera donc ainsi un immense
réseau de voies de communications.

Ce sera lui, qui nous livrera toute l'Afrique occidentale.

Ce projet peut paraitre hardi, même osé.

Il a moins de mérite.

Je démontrerai plus loin qu'il est possible,
qu'il est facile même à réaliser.

Mais avant je dois préciser un fait. C'est
que tout ce progrès ne doit pas s'accomplir avec la garantie du gouvernement,
mais bien par le seul effort de l'épargne

particulière, sous la simple protection militaire de l'Etat.

Cette protection est une nécessité, dans l'intérêt même de l'homogénéité des forces de la France. Je ferai voir plus tard, qu'elle pourra s'effectuer dans des conditions telles, que l'équilibre de nos forces européennes ne sera pas atteint.

La conséquence de tout ceci, c'est que, l'État, n'étant plus mis en cause, l'ensemble des résultats susénoncés, doit être obtenu à l'aide d'une compagnie financière et française.

Cette compagnie doit être organisée assez puissamment, pour pouvoir créer les moyens de transport nécessaires; en même temps suffire aux exigences des intérêts commerciaux et agriculturaux, qu'il faut faire surgir.

Cette combinaison, en dehors des motifs généraux que je viens d'indiquer, a bien d'autres raisons d'être.

Les principales sont :

1° Qu'elle donnera à beaucoup de capitaux, actuellement improductifs en France, des moyens d'utilisation énergiques et sûrs;

2° Que l'initiative privée fait mieux et

plus économiquement que l'Etat, quand elle peut agir librement ;

3° Que cette même initiative privée pourra être, à la fois, industrielle, agricole, commerciale, ce que ne peut être l'Etat.

Ces dernières lignes précisent la situation.

Elles disent comment il y a intérêt à former une société spéciale, chargée de l'exploitation de ces contrées.

Cette société, je propose de la dénommer :

Société française du Centre Africain occidental

C'est à expliquer comment la compagnie ainsi formée pourra agir et fonctionner ;

C'est à indiquer les résultats progressifs qu'elle produira ;

C'est à faire comprendre les progrès civilisateurs, qu'elle apportera dans le monde africain ;

Que seront désormais consacrées les lignes qui vont suivre.

CHAPITRE II

Avant d'aller plus loin, il convient d'étudier, sommairement au moins, la contrée à exploiter.

Nous examinerons ensuite utilement les moyens d'exploitation.

De quoi se compose cette contrée ?

De deux parties distinctes :

La première comprend le désert, autrement dit le Sahara, vaste territoire s'étendant depuis les confins du Maroc, de l'Algérie, de la Tunisie, de la Tripolitaine, jusqu'au Niger et aux environs du lac Tzadé ;

La seconde comporte les territoires immenses, très fertiles, très peuplés, situés au delà du Niger, jusqu'au golfe de Guinée.

Ces derniers pays sont, à tous points de vue, dans d'excellentes conditions de production et de consommation.

Le sol, sans être trop accidenté, est assez montagneux pour que son système hydrographique soit favorable à la culture ;

La terre y est fertile et d'autant plus

productive, que la chaleur y féconde puissamment l'action de l'eau et des engrais naturels existant en tout pays presque vierge.

Ajoutons, que la population considérable, répandue sur cette immense surface, fournira beaucoup de travailleurs ; que par conséquent une culture rationnelle pourra succéder, sans trop d'efforts, à l'état actuel des choses.

Cet état n'est pas du reste aussi primitif qu'on le suppose. Il est même déjà prospère, car la vigne, et beaucoup de céréales, sont partout, là, largement cultivées.

Le Sahara, lui, présente un tout autre aspect. C'est la solitude, c'est l'aridité, c'est le domaine absolu du Soleil.

Nous sommes néanmoins forcés d'en faire la conquête pacifique, parce que c'est lui qui doit nous livrer passage, pour atteindre les riches contrées que nous venons designaler.

Cette conquête est-elle difficile ?

Sera-t-elle improductive ?

Non, et voici pourquoi :

Le Sahara, que nous connaissons très sommairement, apparaît à notre imagination comme une immense plaine de sable, comme le type de la stérilité. En un mot, ainsi que le disent les Arabes, comme étant toujours le pays de la soif.

Cette appréciation, qui a longtemps résumé nos connaissances sur ce pays, est loin d'être vraie. Les explorations qui ont été faites depuis, nous ont fixé sur sa valeur réelle.

D'une part, elles nous ont appris qu'un système de montagnes important émerge des surfaces sablonneuses, ménageant par conséquent des eaux intérieures. D'une autre part, elles nous ont fait connaître, que le sable n'est pas uniquement de la silice pulvérisée, mais bien la résultante du lent effritage des roches; qu'il contient par suite, outre la silice, du plâtre, de l'argile, du carbonate de chaux, des sels de sodium et de potassium, même de l'humus.

Evidemment, cet ensemble ne constitue pas de la terre arable, dans le sens réel du mot ; mais il n'en forme pas moins un terrain propre à la culture ; sous une condition cependant imprescritible : *c'est qu'il y ait de l'eau.* La preuve, c'est que des oasis fertiles sont parsemées dans le désert, partout ou l'eau affleure le sol. Or, le sol qui les forme n'est pas autre chose que celui qui vient d'être signalé.

De l'eau, telle est donc la grande question, au Sahara.

Hé bien, l'eau est là bien moins rare qu'on ne le croit.

Dans l'étude sommaire que nous avons tous plus ou moins faite de ce pays, nous nous sommes habitués à n'y voir fourni cet élément précieux, que par des puits naturels ou artificiels, rarement rencontrés.

Nous avons appris de plus, que ces puits sont souvent comblés ; parfois, par le défaut de soins, quelquefois par la méchanceté des peuplades parcourant la contrée. Nous en sommes restés là dans notre appréciation.

Il y a du vrai en tout ceci, et, il faut bien le reconnaître, l'ensemble de ces difficultés rend maintenant le Désert peu accessible.

Il fait même que la traversée du Sahara constitue pour les caravanes un voyage réellement périlleux.

Mais est-ce à dire que l'industrie ne peut pas modifier cet état de choses ?

Non certes.

Elle a là, au contraire, largement à s'exercer.

Et en effet, si l'eau, au désert, est rare à la surface, elle ne l'est pas au-dessous.

Il y a donc lieu de la faire surgir.

A l'appui de ceci, disons que, du récit des voyageurs les plus autorisés, il ressort que dans nombre de contrées sahariennes, l'eau est à une faible profondeur. Il semble même que la chaleur ayant absorbé la nappe apparente, l'eau se soit réfugiée, pour être mieux protégée, dans des canaux souterrains, ceux-ci la conduisant nous ne savons encore où, peut-être jusqu'à l'Océan.

C'est qu'effectivement le désert subit, non seulement l'action hygrométrique des faites montagneux qui l'entourent ; mais lui-même, vers son centre, nous venons de le dire, comporte tout un système orographique, formé par de nombreux massifs.

Ces massifs ne sont pas seulement des émergences isolées, ce sont de vastes montagnes, comme les Tassili du Nord et du Sud, le plateau de l'Ahaggar, celui d'Adghagh, etc., etc. (Voir la carte).

Tous reçoivent, à certaines époques de l'année, des pluies parfois abondantes.

La neige même se voit pendant deux ou trois mois. M. Duveyrier a constaté sa présence de Décembre en Mars sur les sommets de l'Ahaggar.

On comprend dès lors que, de toutes les vallées de ces montagnes, s'échappent des torrents se réunissant en rivières. Ces rivières sont d'abord apparentes, puis elles s'absorbent dans les sables, pour couler, dans le sein de la terre.

La preuve de ces faits se trouve dans la trace laissée, à des époques antérieures, par les eaux courantes existantes alors.

Leur lit, tels que celui de l'Oued Messaoura, de l'Oued Mya, de l'Oued l Gharghar, de l'Oued Tafasasset, etc., etc., est aujourd'hui desséché. Mais si l'eau n'apparait plus entre leurs berges, elle se cache, comme je l'ai dit plus haut, sous le sable.

Aussi, quelque dissimulée que soit l'eau au désert, il est facile de la retrouver en des points excessivement nombreux.

C'est grâce à cette situation, que des puits artésiens ont pu et peuvent être forés en bien des endroits; que sans aller chercher ces couches profondes, on peut trouver l'eau en nombre de contrées, à quelques mètres seulement de la surface. De nombreux puits fournissent la preuve de cette affirmation.

L'eau a une telle influence, en ces climats, sur la végétation, qu'elle y produit des résultats vraiment extraordinaires.

M. H. Duveyrier, l'éminent voyageur,

qui a parcouru le Sahara en bien des sens et étudié le pays sous toutes ses faces, dit, dans son voyage intitulé: *Exploration du Sahara* :

« J'ai vu, au moment où des pluies abon-
» dantes venaient d'arroser la terre, se pro-
» duire sous mes yeux le miracle de vastes
» espaces, nus la veille, transformés instan-
» tanément en pacages de la plus belle ver-
» dure. Sept jours suffisent pour que
» l'herbe puisse nourrir les troupeaux. »

D'autres voyageurs avaient constaté ce fait ; le témoignage de M. Duveyrier est venu le confirmer.

Evidemment, ce n'est pas dans la généralité du désert, que de semblables résultats peuvent se manifester. Là n'est pas moins la preuve de l'immense influence produite par l'eau, en ces contrées, sur le réveil et le développement de la végétation.

Le végétal le plus intéressant qu'il y ait à considérer sous ce climat, est sans contredit le palmier.

C'est l'arbre vraiment béni dans le Sahara.

Non seulement le palmier est productif par lui-même, mais sous son abri peuvent se faire toutes les cultures, surtout celles des céréales, qui, sans son ombre protectrice, ne pourraient végéter.

Ainsi, dans nos champs, la végétation cesse de produire sous les arbres ; au désert, au contraire, ce sont les arbres qui appellent la végétation.

Il y a là une circonstance toute en dehors de nos moyens culturaux et qui montre jusqu'où s'étendent les ressources qu'on peut trouver dans la nature, même au désert.

Mais revenons au palmier, qui, partout dans le Sahara, peut végéter en de bonnes conditions, pourvu qu'il soit arrosé.

Il nous intéresse puissamment, puisque c'est lui qui est le premier agent de colonisation. Il faut en effet commencer par sa plantation, dans toute tentative de culture en ces contrées.

C'est lui qui forme les oasis, ces îles riantes de verdure, qu'on rencontre de ci de là dans le désert.

Elles ne doivent en effet leur existence qu'à l'eau qui s'y rencontre, et à la culture du palmier. C'est grâce à ces deux éléments, que la fertilité s'y maintient, malgré l'influence torride du soleil et l'action envahissante des sables.

La preuve que les oasis ne doivent leur existence qu'à ces deux circonstances, c'est qu'en tenant compte de ces faits, on en a formé d'artificielles et qu'on en forme encore maintenant.

Celles-ci ont surtout été créées à l'aide de sondages artésiens heureusementcon duits.

C'est ainsi que dans l'Oued-Rirh, des oasis splendides ont surgi, sous la direction d'un homme qui a rendu d'immenses services en ces contrées : M. Jus.

La première de ces oasis a été fondée en 1878 par MM. Fau, Foureau et Cⁱᵉ qui posdent aujourd'hui 60,000 palmiers.

M. G. Rolland, ingénieur des mines, qui a pris aussi une large part dans la création de ces oasis artificielles, donne à ce sujet des détails fort remarquables. Mieux vaut le citer, que vouloir l'analyser.

Voici, entre autres choses très intéressantes, ce qu'il énonce dans sa brochure intitulée *l'Oued-Rirh*, sur le palmier et sa culture :

« Le palmier présente une régularité
» exceptionnelle dans sa croissance et dans
» sa production. Avec des soins convenables
» et une irrigation régulière, il donne des
» fruits cinq ans, et parfois même trois ans
» après qu'il a été planté ; toutefois ce n'est
» guère qu'au bout de huit ans, qu'il devient
» d'un bon rapport. Il produit surtout de dix
» à soixante ans, et il vit plus de cent ans.

» On a dit avec raison que le palmier
» était l'arbre nourricier du Sahara ; car,
» sans le palmier, le Sahara serait partout
» désert, et inversement, le palmier ne sau-
» rait mûrir ses fruits qu'en plein Sahara.

» Le palmier supporte parfaitement les
» extrêmes de température du climat saha-
» rien, un froid nocturne, sec et passager,
» de six degrés au-dessous de zéro ne lui
» étant pas nuisible, et la chaleur n'étant
» jamais trop forte pour la qualité de ses
» fruits.

» Mais plus encore que la chaleur, la
» sécheresse de l'atmosphère est indispen-
» sable, pour que la datte soit sucrée et sa-
» voureuse : aussi le voisinage de la mer
» lui est-il funeste.

» Le palmier vient dans les sols les plus
» ingrats, gypseux et même légèrement sali-
» fères. Quant à la variété fine, au Deglet
» Nour, elle se plaît surtout dans les terrains
» en apparence les plus pauvres, sableux et
» rocailleux.

» Ce que le palmier exige avant tout, pour
» bien pousser et bien produire, nous l'avons
» dit, c'est de l'eau, fût-elle de médiocre
» qualité et même assez chargée desels. »

» La datte est pour le Sahara ce qu'est le

» blé pour l'Europe, le riz pour les Indes.
» C'est l'aliment le plus général chez les
» indigènes, le produit le plus certain dans
» l'Afrique du Nord, le premier objet de
» consommation et d'échange pour des
» populations de millions d'hommes. C'est
» d'ailleurs une denrée assez rare et très
» demandée dans son propre pays, et il n'est
» pas à supposer qu'elle baisse sensible-
» ment de prix, même en admettant un ac-
» croissement notable dans le chiffre de sa
» production.

» On trouvera donc toujours sur place un
» marché certain et rémunérateur; mais il
» n'est pas interdit de songer à l'exporta-
» tion. Dès aujourd'hui, la datte fine est
» exportée d'Algérie et de Tunisie en quan-
» tités importantes, principalement à Mar-
» seille, d'où elle est expédiée dans de
» nombreux pays. Sa consommation tend à
» se répandre en Europe, et elle se déve-
» loppera, quand on connaîtra mieux ce
» fruit très nutritif, qui n'est encore qu'un
» fruit de luxe, mais qui, étant offert à des
» prix plus modérés, pourra intervenir uti-
» lement dans l'alimentation à bon marché.
» Ajoutons que la richesse en sucre de la
» datte permettra sans doute de lui trou-

» ver d'autres applications, et que déjà la
» datte sèche est employée en droguerie et
» en distillerie.

» Il est très difficile de préciser combien
» le palmier rapporte bon an mal an, telle-
» ment cela varie avec les soins dont on
» l'entoure et la variété dont il s'agit. On a
» cité à Biskra, dans le jardin de M. Co-
» lombo, un Deglet Nour, qui avait donné
» jusqu'à 50 francs de récolte dans une
» année favorable ; ailleurs, on trouvera un
» jardin, planté en espèces communes et
» mal irrigué, qui ne donnera pas un franc
» par pied. Dans l'Oued-Rirh nous estimons,
» qu'avec un assortiment convenable des
» diverses variétés, dans des plantations
» bien faites et bien soignées, le rapport
» moyen et brut du palmier sera de 4 à
» 5 fr. ; déduction faite de la part revenant
» au cultivateur. C'est là un minimum.

» Renseignement, qui a son intérêt : les
» indigènes des oasis soumises à l'autorité
» française payent annuellement à l'État
» un impôt de 35 centimes par palmier en
» rapport et ils s'en acquittent assez régu-
» lièrement.

» Une question importante, dans les plan-
» tations de palmiers, est celle de l'espace-

» ment qu'il convient d'adopter entre les
» arbres, A ce sujet, après avoir passé
» par plusieurs alternatives, nous avons
» décidément adopté le chiffre de 200 pal-
» miers par hectare, chiffre qui semble
» devoir servir de règle, dans les futures
» plantations à l'européenne. Cela met les
» arbres à une distance de 7 mètres, plus
» grande que dans les oasis indigènes,
» mais suffisante pour le rendement du
» palmier en dattes et pour l'ombrage né-
» cessaire aux autres cultures à faire au-
» dessous.

» A raison de 200 arbres par hectare, le
» palmier-dattier peut donc *rapporter an-*
» *nuellement un millier de francs par hec-*
» *tare.* On voit que le Sahara n'est pas
» aussi improductif qu'on pourrait le
» croire. »

Ainsi donc, voici qui est bien établi : de
l'eau au Sahara, et la culture productive
devient possible.

Si j'ai autant insisté sur cette question de
l'eau, c'est que la faire apparaître sur le
sol est le premier élément de la conquête
pacifique, que nous préconisons.

Nous étudierons plus loin les moyens de
la faire surgir économiquement.

Pour l'instant, constatons, en quelques mots, les conséquences de la situation que nous venons d'étudier : Le Sahara est inculte, parce qu'il manque d'eau ; lui fournir de l'eau, c'est le transformer, c'est faire l'abondance où règne la stérilité, c'est en un mot produire la richesse où existe le néant.

N'oublions pas toutefois, que ce n'est pas seulement une question agricole, que nous voulons réaliser dans le programme étudié ici ; mais aussi une question commerciale, c'est-à-dire l'atteinte des centres de population considérables qui constituent ce que nous appelons le Soudan ou Takrour.

Ceci, nous l'avons expliqué, nous conduit à relier d'une manière intime, par une voie ferrée, nos possessions du Sénégal et du Sud africain. Pour réaliser ce programme, il faut d'abord atteindre le Niger, et par conséquent traverser le Sahara.

Voilà pourquoi il y avait intérêt à démontrer, que cette traversée du Sahara ne serait pas improductive ; qu'il était de plus possible d'y créer des stations rapprochées ayant de l'eau, par conséquent de la végétation, c'est-à-dire tout ce qu'il faut pour qu'une population régulière, active, intense, puisse s'établir et se développer.

Avant de décrire le mode de réalisation de ce programme, examinons les objections qu'il est possible de lui opposer.

Il est sage en effet, de détruire avant tout les préventions, que l'idée fausse qu'on se fait généralement de ces contrées, peut laisser subsister dans l'esprit.

Quand ce résultat sera acquis, nous reprendrons plus utilement la marche de cette étude.

Voyons donc ces objections.

CHAPITRE III

OBJECTIONS

En parlant du Sahara et des transports à y faire, la première pensée qui vient à l'esprit, est que le chameau a été créé spécialement pour le désert ; que l'un et l'autre se complétent ; qu'en un mot, le chameau, en ces pays, suffit à tous les besoins ; que par conséquent il est inutile de songer à y établir une voie ferrée.

Ceci pouvait être pour le passé, mais pas pour le présent ; — alors surtout que nous devons faire entrer en ligne de compte les progrès mis chaque jour, par la science, à notre disposition.

Le chameau n'est du reste, qu'un instrument très imparfait de transport. Il possède certainement des qualités incontestables de sobriété, d'obéissance, de résistance à la fatigue ; mais il faut aussi reconnaitre que son travail est relativement limité, puisqu'il ne porte guère que 150 à 200 kilogrammes.

Il faut de plus considérer qu'il lui faut

un long temps pour refaire ses forces,
quand il a accompli un travail un peu
sérieux. Il a vécu en effet, pendant le
temps de fatigue, d'abstinence, aux dépens
de sa propre substance; il lui faut récupérer
ce qu'il a perdu, quand il est revenu à la
période de repos.

C'est un accumulateur, qui, comme tous
les accumulateurs, peut produire un excès
d'effort à un moment donné; mais cet excès
coûte beaucoup en réparation.

La conséquence de ceci, c'est que les
transports à dos de chameau sont très
onéreux; qu'ils peuvent être suffisants, tant
que durera l'ère des caravanes et de la
somnolence des peuples du désert; mais
que ce n'est pas de ce côté qu'il faut chercher
les moyens de féconder ce pays, et surtout
ceux qui nous permettront d'y écouler nos
produits.

Le rôle du chameau ne sera du reste pas
annihilé par la création de la voie transafricaine occidentale. Sa fonction sera
d'aller chercher, aux stations de cette voie,
les marchandises et de les distribuer à
droite et à gauche, comme aussi de ra-
mener vers elle les différents produits du
pays.

Il deviendra ainsi l'auxiliaire de la ligne ferrée, et en cela il se produira au Sahara, ce qui s'est fait en Europe pour l'élève du cheval, c'est que la locomotive, loin de supprimer le chameau, lui donnera une valeur plus grande et amènera sa multiplication.

Or, ceci sera une occasion précieuse de fortune pour l'habitant du désert. Les Touaregs trouvent en effet, dans l'élévage du chameau, leur principale source de richesse.

Il est intéressant de s'étendre sur ce fait, qui touche à l'avenir même de la colonisation.

Ecoutons ce que dit à ce sujet M. Reclus, dans sa Géographie nouvelle, la question sera ainsi mieux précisée :

« On sait de quels soins les Touaregs
» entourent la vie du chameau, leur com-
» pagnon le plus aimé, celui qui leur permet
» d'être présents, pour ainsi dire, dans tou-
» tes les parties de cet espace immense,
» qui s'étend de l'Oued-Rirh au Niger. C'est
» à cause du chameau, que le Targui (1) s'est
» fait nomade plutôt qu'agriculteur. En
» mainte vallée du Djebel Ahaggar, la cul-

______

(1) Singulier de Touaregs.

» ture du sol suffirait à l'entretien des
» habitants, mais le possesseur du cha-
» meau ne peut rester au même endroit : il
» lui faut, suivant les saisons et les pluies,
» chercher les pâtis, qui conviennent à ses
» bêtes.

» Les troupeaux se composent surtout de
» chameaux de charge, que l'on dresse par-
» fois pour les expéditions rapides, mais
» les animaux de courses constituent une
» race spéciale, celle du méhâri — en ber-
» bère *arhelâm* — qui se distinguent par la
» hauteur de la taille, la finesse et l'élé-
» gance des jambes et du cou, l'extrême
» vitesse, la sobriété prodigieuse. Le mé-
» hâri ne crie pas quand il souffre, de peur
» de trahir son maître ; il peut supporter jus-
» qu'à sept journées d'abstinence en été,
» lorsqu'il est en marche et chargé ; en
» hiver, il reste pendant deux mois au
» pâturage sans aller à l'aiguade. Tandis
» que le chameau de somme ne marche or-
» dinairement qu'au pas de 3 kilomètres et
» demi ou 4 kilomètres à l'heure, soit de
» 25 à 26 kilomètres par jour, le méhâri
» fournit sans peine le même nombre de
» lieues. M. Noureau mentionne une cour-
» se d'environ 300 kilomètres faite en deux

» jours à dos de méhâri, par un cheikh
» d'In-Salah. L'élève du chameau prend une
» si grande part de la vie du Targui, que
» celui-ci a des dizaines de noms pour dé-
» signer le méhâri à tous les âges, dans
» tous les états de santé ou de maladie, de
» nuance et de pelage, de travail ou de
» repos. L'éducation de l'animal se fait
» avec le plus grand soin pour la course et
» pour la guerre, et vraiment il est peu de
» spectacles plus beaux, que celui de méhâris
» harnachés pour une expédition et s'ali-
» gnant en front de bataille : les animaux
» tendant le cou, les hommes dressant haut
» la lance, ne paraissent former qu'un
» même être bizarre, formidable.

» Les méhâris, que montent les femmes,
» apprennent à se balancer au son de la
» musique. Lorsque les femmes touaregs
» vinrent saluer les membres de la mission
» Flatters, l'une d'elle leur joua sur une
» espèce de mandoline, les airs de son pays,
» tandis que sa monture suivait la cadence
» en dansant sur place avec une exactitude
» surprenante. C'est par la pression du
» pied que le Targui dirige les mouve-
» ments de l'animal. Assis sur la haute
» selle, le dos appuyé au troussequin, les

» jambes croisées autour d'une sorte de
» pommeau en forme de croix, il agit avec
» ses pieds nus sur le cou du chameau, et
» garde ainsi l'usage de ses mains pour le
» maniement des armes. Aussi, dans le
» combat, le Targui vise toujours le pied
» de son ennemi ; s'il parvient à le couper,
» l'animal n'obéit plus, cesse de faire corps
» avec son maître. Redoutable dans la
» guerre, indispensable pour les transports,
» le chameau contribue aussi à l'entretien
» des Touaregs : le lait des chamelles est
» presque l'unique aliment de la famille dans
» la saison des pâturages ; le poil est tressé
» en cordes ; la fiente est employée pour
» l'engrais des palmiers, ou bien, dessé-
» chée, sert de combustible. On tue aussi
» le chameau comme animal de boucherie,
» et sa viande est servie aux hôtes de dis-
» tinction ; enfin son cuir, l'un des meil-
» leurs qui existent, est utilisé pour la
» fabrication des tentes, des ustensiles de
» harnachement et de ménage. Pour le
» Targui, les chameaux sont une richesse
» inestimable, mais ils sont relativement
» peu nombreux. Le plus opulent des
» montagnards n'en possède pas plus
» d'une cinquantaine. »

Nous avons donné une large place à cette

citation, parce qu'elle fait bien comprendre la valeur du chameau et l'importance des services qu'il rend.

Elle démontre que, loin de nuire aux populations du désert par la création d'une voie ferrée, nous leur serons utiles, comme nous le disions plus haut, en excitant chez elles l'élevage d'un animal déjà approprié à leur usage, et qui sera alors beaucoup plus employé qu'il ne l'est maintenant.

Mais si la voie ferrée projetée apparait comme une nécessité du trafic à réaliser, quand on la compare aux moyens que nous venons de décrire, on peut se demander comment, actuellement, il est possible de préjuger le tracé à lui donner.

La réponse à cette objection est facile.

Le désert n'est pas aussi ignoré qu'on le croit.

De nombreux explorateurs ont fait connaitre le système général de son ossature.

Nous savons maintenant que des centres montagneux occupent l'intérieur, et que de ces centres descendent de nombreuses rivières, qui s'assèchent il est vrai dans le prolongement de leur parcours, mais qui n'en coupent pas moins, par leur lit, le Sahara en bien des sens.

Or, qui dit vallée accessible, en matière de chemin de fer, dit, que l'établissement d'une voie ferrée est chose facile.

Nous verrons plus loin, dans l'itinéraire que nous tracerons, que partout nous rencontrerons des vallées sahariennes et que nous profiterons de leur existence.

De ce côté donc, aucune difficulté.

Mais une autre objection, et celle-là a sa gravité, vient assez naturellement à l'esprit.

Cette objection est relative aux dangers présentés par la traversée du Sahara.

Ces dangers sont de deux ordres différents :

Les premiers sont relatifs aux populations à rencontrer ;

Les seconds, ont trait aux éléments atmosphériques et aux autres difficultés naturelles.

Etudions d'abord la première de ces causes de danger :

Evidemment les populations du désert nous seront en partie hostiles, surtout au début.

Notre apparition sera pour elles, en apparence au moins, le renversement de leurs habitudes. C'est avec le temps que, peu à peu, toutes comprendront le bien-être qui leur sera apporté.

En tout cas, dès que commencera la pénétration de la voie dans le désert, il faudra se préparer, sinon à l'attaque, au moins à la défense.

Celle-ci sera moins difficile à réaliser qu'on peut tout d'abord le penser et voici pourquoi :

Le Sahara, qui présente une superficie de 6,200,000 kilomètres carrés, renferme une population de seulement 500,000 habitants, soit un habitant par treize kilomètres carrés, se répartissant ainsi :

Ennedi, Tibesti, Wadjanga .	50.000	habitants
Barkan	12.000	»
Hawar et oasis voisines,. . .	5.000	»
Aïr	100.000	»
Pays des Touaregs du Nord.	30.000	»
Aouellimiden.	45.000	»
Touât	120.000	»
Sahara occidental.	25.000	«
Populations diverses, environ.	113.000	»

On voit de suite quel dispersement énorme subit la population saharienne, et combien il lui est difficile, même impossible, de se grouper pour combattre les Européens.

Et en effet, tant à cause des embarras amenés par le transport de l'eau, des vivres, que par la difficulté de réunir assez de chameaux (nous venons de voir combien ils étaient relativement rares au désert), c'est à peine si les Sahariens peuvent se réunir plus de 200 combattants. — Il n'y a donc qu'à se mettre à l'abri de coups de main. On comprend aisément, étant donné nos armes perfectionnées, comment il est possible avec peu d'hommes, de se protéger contre ces coups de main et de tenir tête à des troupes aussi peu redoutables.

Nous examinerons plus loin, quand nous étudierons la création de la voie ferrée, les moyens à employer pour assurer aux travailleurs, comme aux colons, la plus parfaite sécurité.

Disons de plus, pour être justes, que toutes les tribus du Sahara ne sont pas aussi féroces, qu'on peut se l'imaginer. Certaines d'entre elles sont même fort douces, et celles-ci, trouvant dans notre présence un appui certain contre les déprédations des pillards, deviendront rapidement nos alliées.

Non seulement, une grande partie de ces populations ne nous est pas hostile, mais on trouve chez la plupart d'entre elles, des sentiments de probité, qu'on ne s'attendrait pas à rencontrer chez ces nations primitives.

M. de Bonnemain, dès 1856, écrivait :

» La plupart des caravanes, qui arrivent
» à Ghourd-Tafériest (environ moitié che-
» min entre El-Ouâd et Ghadâmès) ont l'ha-
» bitude d'y déposer à ciel ouvert une
» partie des provisions, qui doivent leur
» servir pour le retour. Il n'y a pas à crain-
» dre que d'autres voyageurs pensent à
» s'en emparer.

» Ainsi fut fait, ajoute M. de Bonnemain,
» et au *retour*, la caravane reprit les vivres
qu'elle avait déposés à son passage. »

M. Duveyrier, dans son ouvrage déjà
ndiqué : *Les Touaregs du Nord*, après avoir
ité ce que rapporte M. de Bonnemain,
ajoute :

» M. Ismayl-Boû-Derba, entre Ouarglâ
» et Rhât, a, comme M. de Bonnemain, dé-
» posé et retrouvé des provisions de retour
» à mi-chemin. Comme moi, il a remarqué
» en route des ballots laissés en dépôt par
» d'autres caravanes.

» Sur les routes de Mourzouk et de
» Rhât au Soudan, tous les voyageurs
» européens ont rencontré sur leur passage
» des charges de marchandises attendant
» le retour de leur propriétaire pour être
» rendues à destination. Dans les carava-

» nes, il n'y a pas de bête de somme de
» rechange. Quand un chameau vient à
» périr, on se trouve dans l'impossibilité
» de continuer à porter son fardeau, on
» laisse sa charge sur la route, avec la cer-
» titude de la retrouver intacte, attendit-on
» une année pour venir la chercher. »

M. Duveyrier ajoute :

» Je ne cite pas ces faits pour en tirer la
» conclusion, que toutes les routes saha-
» riennes offrent plus de sécurité que les
» routes européennes. Non ! Il y a dans le
» Sahara des routes protégées par des po-
» pulations auxquelles les caravanes
» paient un faible droit de passage pour
» prix de leurs services. Ces routes, géné-
» ralement suivies par les caravanes,
» offrent les exemples de sécurité que je
» viens de rapporter. D'autres, celles qui
» traversent des territoires en proie à
» l'anarchie, ne sont plus dans les mêmes
» conditions ; les caravanes fortes et armées
» seules peuvent les parcourir, comme les
» navires pourvus de moyens de défense
» peuvent, seuls, fréquenter certaines
» mers. »

Ainsi donc au désert, on peut rencontrer des sentiments d'honneur et de pro-

bité, qui feraient honneur aux peuples les plus civilisés. En respectant ces sentiments, ils ne feront que croître.

Du reste parmi les tribus pillardes, car il ne faut pas conclure non plus à une confiance exagérée, il faut surtout comprendre celles qui viennent des bords de l'Océan.

Celles-ci n'appartiennent pas à la confédération des Touaregs, mais bien à des peuplades Maures.

Elles ne possèdent pas de chameaux. Leurs contingents arrivent montés sur des chevaux rapides, après avoir franchi parfois de très grandes distances.

Mais ces incursions sont rares et atteindraient difficilement la zone à parcourir par la future voie ferrée. D'ailleurs, ces assaillants seraient peu nombreux. Ils arriveraient hommes et bêtes épuisés. Se défendre contre de semblables attaques serait donc aisé.

Un événement, qui a beaucoup impressionné le public et faussé le jugement porté sur ces contrées, c'est le résultat malheureux de l'expédition du colonel Flatters, laquelle se termina si tristement.

On a cru voir, dans la fin tragique de

Flatters et de la plus grande partie de ses hommes, le signe d'une résistance opiniâtre et puissante de la part des Touaregs.

Il ne faut pas s'exagérer la portée de cet événement.

D'une part, Flatters, trop confiant, s'était avancé presque seul à plusieurs kilomètres de sa troupe. Il fut donc facilement surpris et assassiné.

D'une autre part, il avait disposé ses hommes en petits pelotons, s'échelonnant à de longues distances ; eux aussi ont donc pu être surpris et enveloppés par des forces relativement faibles.

Enfin, il faut encore le dire, il fut victime de tribus éloignées, habitant le centre saharien, qui virent en lui et en son expédition, des ennemis inconnus, présageant des dangers inconnus aussi, dont il fallait se débarrasser à tout prix.

En effet, d'après les renseignements qu'on a pu depuis recueillir, ce ne serait pas aux Touaregs mêmes, qu'il faudrait attribuer la fin tragique de Flatters, mais bien aux Ahaggars, confédération moins nombreuse, plus cruelle et qui occupe les massifs centraux du désert.

La preuve qu'il n'y a eu là qu'un coup de

main, et qu'on peut se défendre avec un peu de précaution contre ces coups de main, c'est qu'une soixantaine d'hommes de la suite de Flatters ont pu s'échapper et revenir vers Ouarglâ.

S'il n'est arrivé dans cette dernière ville qu'une douzaine de ces hommes, c'est que le surplus a péri en route, succombant à la fatigue et aux privations. Ces malheureux avaient eu en effet un millier de kilomètres à franchir, en plein désert, sans vivres, sans eau.

Quand on songe aux souffrances ainsi endurées, on se demande comment même quelques uns ont pu échapper.

En résumé il y a eu, dans l'assassinat de Flatters et de ses hommes, un fait spécial, dont il est possible de prévenir le retour.

De nombreuses expéditions, celle de Stanley en particulier, qui était à la tête de 1,000 à 1,200 hommes seulement, prouvent qu'on peut traverser toute l'Afrique, plus aisément qu'on ne le suppose.

Mais revenons au Sahara, et disons que son parcours ne présente pas, au point de vue de l'hostilité des populations, les dangers que l'on pourrait supposer. Pour les éviter, il suffit simplement de prendre des précautions rationnelles et surtout d'être honnête et sincère avec les tribus sahariennes.

C'est qu'en effet, ces gens-là ont une élévation de sentiments beaucoup plus grande qu'on ne le supposerait, sur ce qu'on sait généralement de leurs habitudes.

Il y a, surtout chez les Touaregs du Nord, une noblesse de cœur, qu'on ne rencontre pas partout.

Écoutons encore M. Duveyrier :

» La bravoure des Touaregs est pro-
» verbiale. Quoi qu'on en ait dit, ils n'em-
» poisonnent jamais leurs flèches ni leurs
» lances ; entre eux ils dédaignent l'em-
» ploi des armes à feu, qu'ils appellent
» armes de la traitrise, parce qu'un homme,
» embusqué derrière une brousaille, peut
» tuer son adversaire sans courir aucun
» danger.

» La défense de leurs hôtes et de leurs
» clients est encore la vertu par excellence
» des Touaregs, et, si elle n'était érigée chez
» eux à l'état de religion, le commerce, à
» travers les déserts du Sahara, serait im-
» possible.

» La fidélité aux promesses, aux traités,
» est poussée si loin par les Touaregs, qu'il

« est difficile d'obtenir d'eux des engage-
» ments et dangereux d'en prendre, parce
» que, s'il se font scrupule de manquer à
» leur parole, ils exigent l'accomplisse-
» ment rigoureux des promesses qui leur
» sont faites. Il est de maxime chez les
» Touaregs, en matière de contrat, de ne
» s'engager que pour la moitié de ce qu'on
» peut tenir, afin de ne pas s'exposer aux
» reproches d'infidélité. Comme tous les
» autres mulsumans, ils subordonnent
» bien leur exactitude à la volonté de Dieu,
» mais ils ne spéculent pas sur cette réserve.
» Quand un Touareg quitte sa famille pour
» aller en voyage, il confie à son voisin
» l'honneur de sa maison, et le voisin venge
» les affronts faits à l'absent avec plus de
« rigueur que s'il s'agissait de lui-même.

» La patience, la résignation et la fer-
» meté des Touaregs dans la misère, peu-
» vent être égalées, mais non surpassées.
» Sans ces vertus, comment pourraient-
» ils vivre au milieu de déserts, où l'on ne
» voit souvent ni une plante, ni le plus petit
» des animaux.

» J'ajouterai encore que le mensonge, le
» vol domestique et l'abus de confiance sont
» inconnus des Touaregs.

» Un Targui a-t-il commis un crime, il
» fuira ; mais, s'il est pris, il l'avouera, dût
» sa vie dépendre de son aveu.

» Un Targui arme-t-il en course et fait-il
» huit cents kilomètres pour aller enlever
» au pâturage du bétail appartenant à une
» tribu ennemie ; s'il rencontre en chemin des
» marchandises ou des vivres déposés par
» une caravane, il les respectera. Jamais
» il ne pénétrera dans une tente ou dans un
» bivouac pour y prendre quoi que ce soit.»

» Confie-t-on à un Targui des marchan-
» dises, de l'argent, pour les porter d'une
» ville dans une autre, il aura beau, à mi-
» chemin, séjourner dans sa tente ; ni lui,
» ni sa femme, ni ses enfants, fussent-ils
» dans le plus grand dénûment, n'y tou-
» cheront.

» Prête-t-on sur parole, même sans té-
» moin, de l'argent à un Targui, il le rendra,
» fût-ce vingt ans après, s'il lui a fallu ce
» temps pour réaliser la somme empruntée,
» et il passera trois mois sur les routes
» pour aller la restituer. Si le prêteur est
» mort, la dette est remboursée à ses héri-
» tiers, et si l'emprunteur meurt insolvable,
» ses enfants tiendront à honneur de payer,
» dès qu'ils pourront.

» Un Targui meurt-il en voyage, ses com-
» pagnons de caravane acceptent, *ipso
» facto*, le mandat de gérer ses affaires au
» mieux de ses intérêts, et au retour, ils
» rendent un compte fidèle de leurs opéra-
» tions à ses héritiers.

» Un peuple, qui a de telles qualités, au
» milieu de quelques défauts, inséparables
» de l'humanité, ne mérite pas la réputation
» que lui ont faite des écrivains renseignés
» par ses ennemis. »

Ainsi donc, chez les populations sahariennes, nous pouvons craindre une hostilité préventive, mais nous pouvons compter
aussi sur des qualités natives, qu'il sera
précieux de mettre à profit.

Néanmoins il faudra toujours songer à se
défendre. Aussi reviendrons-nous sur les
précautions à prendre de ce chef, quand
nous traiterons de l'établissement de la
ligne trans-africaine occidentale. Nous
avons voulu seulement démontrer ici que
cette question de défense, dans la traversée
du désert, ne présente pas de sérieuses
difficultés.

Les mêmes préoccupations de sécurité
viennent à l'esprit, relativement à la
pénétration du Soudan. Celle-ci comporte,

il faut le reconnaître, de plus grandes inconnues.

Les voyages y ont été plus rares, les explorations moins complètes.

Là toutefois, nous rencontrerons une situation absolument avantageuse au point de vue qui nous occupe, et voici comment :

Tous ces pays sont actuellement sous la domination de despotes : rois, princes, chefs, etc., etc., dont la principale occupation est la guerre.

Cette guerre n'a qu'un but :

Faire des prisonniers, pour les vendre comme esclaves. Là est le moyen qu'emploient les puissants de ces pays pour enrichir leur trésor.

Or, l'œuvre qui arrivera chez ces peuples avec un caractère de protection certaine, et c'est là l'un des rôles importants que nous avons à remplir, pourra rallier à elle toutes ces populations opprimées. Ce sont justement les plus nombreuses.

Par suite, cette œuvre trouvera dans ces populations, des auxiliaires précieux.

En effet, tous ces êtres, actuellement décimés par des guerres incessantes, revenus à la paix, pourront se livrer aux travaux de la culture. Dès lors, des terres immenses, laissées jusqu'à présent en friche, deviendront productives. En somme là, où la terreur régnait en souveraine, décimant les populations, de nombreuses générations pourront se développer, actives et laborieuses.

Et en fait, si dans ces pays les travaux de la terre sont actuellement délaissés, c'est que les impitoyables rigueurs du régime qu'ils subissent, forcent tous ces peuples à n'avoir qu'un seul objectif :

La lutte.

Pour justifier ce qui précède, et faire apprécier l'influence rapide que peuvent prendre en ces contrées les progrès de la civilisation, il faut, entre autres exemples, se reporter à ce qui se passait près de nos possessions du grand Bassam, à Coumassi (territoire des Achantis), il y a quelques années, avant que les Anglais n'aient pris possession de ce pays ; puis voir ce qui est advenu en ce même pays, presque aussitôt après la conquête.

Voici, d'après M. Reclus, ce qu'était alors la situation (1872) :

» Naguère les enterrements étaient les » évènements les plus redoutables dans la » société des Achantis. Dès que la mort d'un

» cabécère (chef) s'annonçait comme pro-
» chaine, on surveillait ou même on enchai-
» nait les esclaves pour qu'ils ne pussent
» échapper à la terrible cérémonie. Aussitôt
» après le dernier soupir du maitre, deux
» d'entre eux étaient sacrifiés pour lui servir
» de compagnons; puis, lors de l'enterre-
» ment solennel, toute la bande des victimes
» désignées, d'autant plus considérable que
» le personnage défunt était plus riche ou
» plus fameux, marchait dans la procession
» funéraire, entourée de femmes, qui criaient
» et dansaient, peintes couleur de sang. Un
» mot magique, parait-il, aurait pu sauver
» les malheureux voués à la mort ; mais
» les hurlements de la foule et les roule-
» ments du tambour empêchaient qu'on
» entendit cette parole de salut ; les exécu-
» teurs, reconnaissables à leurs vêtements
» noirs, restaient sourds à tout appel, et
» pour arrêter le cri de grâce, ils fermaient
» la bouche de l'esclave, soit par le bâillon,
» soit par un coup de poignard, qui lui per-
» çait les deux joues ; puis ils lui abattaient
» la main droite et lui sciaient la tête.

» Mais les esclaves ne suffisaient point
» pour accompagner le grand chef dans l'au-
» tre vie, il lui fallait la société d'un homme

» libre. Un des assistants, assailli par der-
» rière, tombait à côté des autres cadavres,
» et son corps, encore tout chaud, était jeté
» dans la fosse, que l'on refermait immé-
» diatement.

» Quand il s'agissait de donner des com-
» pagnons au roi, c'est par centaines qu'on
» tuait les hommes ; tous ceux qui lui
» avaient servi d'espions et qu'on appelait
» *kra*, c'est-à-dire les « âmes » du souve-
» rain, devaient suivre celui sur lequel ils
« avaient charge de veiller : il ne pouvait
» se présenter dans l'autre monde que dans
» la compagnie de ces âmes.

» La punition des crimes, délits ou sim-
» ples infractions aux règlements policiers
» fournissait aussi aux grands personnages
» achantis l'occasion de verser le sang et
» d'infliger des tortures. Casser un œuf
» dans les rues de Coumassi, y épancher
» de l'huile de palme, étaient des actes
» punissables de mort. On abattait les bras
» des meurtriers avant de les tuer, et tout
» sanglants, ils avaient encore à danser un
» pas funèbre devant le roi ; des tisons
» ardents, appliqués à leurs blessures, les
« aidaient à faire les gambades prescrites.

» Mais ce sont principalement les fêtes,

» qui donnaient lieu aux grands massacres,
» devenus l'institution nécessaire au gou-
» vernement des Achantis.

» La fête des Ignames, qui se célèbre en
» automne, est celle qui devait être la plus
» arrosée de sang : la récolte aurait man-
» qué si des existences humaines n'a-
» vaient fourni, à la plante nourricière, la
» sève indispensable pour entretenir le
» cycle de la vie. Alors les cabécérès des
» provinces étaient tenus de faire leur visite
» à la cour, et, en mettant le pied dans la ville,
» ils offraient un esclave au génie du lieu.
» Chaque quartier avait ses sacrifices, le
» sang coulait partout. Les bourreaux se li-
» vraient à des danses effrénées en frap-
» pant leurs tambours ornés de crânes, et
» les féticheurs composaient des philtres
» contre la mort, en mêlant le sang des
» hommes à des graines et à des simples
» La licence régnait dans la ville joyeuse,
» c'était la fête du renouveau, celle — anti-
» thèse singulière — de la vie et de la mort.

» Une des rues de Coumassi s'appelait
» la « Jamais sèche de sang » ; le nom
» même de la ville, d'après un jeu de mots
» des Fanti, aurait eu le sens de « Tuez les
» tous ! »

L'imagination se refuse à croire que de semblables horreurs puissent se produire à notre·époque, et cependant, tout cela, je le répète, se passait il y a à peine quelques années (1872).

» Il était temps, ajoute le même auteur,
» que, d'un côté l'influence des Européens,
» de l'autre celle des Mandingues, vinssent
» mettre fin à cet effrayant empire de la
» mort.

» Du moins, en cette circonstance,
» peut-on dire sans crainte d'erreur, que
» l'œuvre des blancs « dans le continent
» noir » a été vraiment civilisatrice et qu'ils
» ont contribué, pour une large part, à
» faire naître un monde nouveau.

» Le résultat est tel aujourd'hui, qu'une
» simple menace du résident anglais
» d'Accra a suffi pour que le roi des Achantis
» livrât à la reine d'Angleterre, sinon sa
» hache d'or, du moins une imitation de ce
» grand fétiche, symbole du droit de
» meurtre qu'il avait sur tout son peuple. »

Mais à côté des récits qui précèdent, et qui sont l'expression de ce que nous savions sur l'intérieur de l'Afrique et les horreurs qui s'y commettent entre gens du pays, se placent des faits beaucoup plus nouveaux. Ceux-ci viennent nous dire combien on peut agir facilement sur ces peuples encore primitifs, et combien, avec eux aussi, sont possibles les transactions de paix.

Il semble qu'à côté d'usages qui accusent la barbarie la plus éhontée, se placent des circonstances qui montrent que ces populations sont faites pour une ère civilisatrice, et qu'elles n'attendent que l'aurore de ce nouveau jour.

Voyons d'abord l'exploration de M. de Brazza :

M. de Brazza est parti seul, il y a quelques années, au milieu du Congo. C'était alors un pays absolument inconnu.

Il n'y avait là, ni secours organisés, ni forces déployées. C'était l'homme, qui, seul, soutenu par son unique courage, s'en allait tête en avant, affrontant toutes les inconnues qui se pouvaient rencontrer.

M. de Brazza, après maintes péripéties inévitables en semblables expéditions, a eu le suprême bonheur de traiter avec les chefs du pays. Il a, suivant l'expression pittoresque de ces peuples, il a avec eux enterré la guerre. Et depuis cette hardie tentative, sanctionnée par la bonne foi et la modéra-

tion des deux parties, M. de Brazza a donné
à la France un territoire aussi grand que la
France même. Or cette conquête pacifique
se perpétue et s'affirme chaque jour, quoi-
qu'elle soit éloignée de nous de toute la
longueur de l'Afrique occidentale, c'est-
à-dire qu'il faille aller la chercher jusqu'au
fond du golfe de Guinée.

Voilà donc un pays conquis par un seul
homme, sans armée, sans sang versé, et
ce qui est plus beau, et ce qui montre l'influence de la civilisation sur ces peuples
neufs, voilà la conquête conservée dans les
mêmes conditions.

Autre exemple!

M. Stanley est retrouvé et dans la première lettre par lui écrite, que dit-il en parlant des noirs qui l'accompagnaient?

Je copie textuellement :

« L'héroïsme muet de nos serviteurs noirs,
» la virilité cachée en eux, la tendresse que
» nous avons vue s'échapper de ces indivi-
» dualités sans nom, le grand amour qui
» inspirait le sacrifice fait pour de plus
» malheureux, le respect que nous avons
» trouvé chez des barbares, qui, aussi bien
» que nous-mêmes, étaient animés par le
» sentiment du devoir ; je pourrais dire

» tout cela si je le voulais. Mais je laisse ce
» soin au correspondant du *New-York*,
» qui, s'il a des yeux pour voir, verra beau-
» coup de tout cela lui-même et avec ses
» talents de littérateur, présentera un récit
» saisissant de ce qui a été fait et de ce qui
» maintenant touche à sa fin. »

Ainsi que je l'ai dit plus haut M. Stanley était à la tête d'une troupe de 1.000 à 1.200 personnes. C'est à la tête de cette simple poignée d'hommes qu'il a traversé l'Afrique du Sud-Ouest à l'Ouest, rencontrant, dit-il, entre autres découvertes, « une forêt aussi
» grande que la France et la péninsule
» ibérique, et des étendues de prairies qui
» rendraient fous d'envie, écrivait-il au
» directeur du *New-York Hérald*, vos
» « Cow-Boys » de l'Ouest ».

L'expédition de M. Stanley avait un but politique et humanitaire, qui permettait ce déploiement de forces relativement considérables. Mais les dernières nouvelles de nos explorateurs français, qui, seuls, comme M. de Brazza, ont visité la contrée, démontrent, que dans le plus grand nombre de cas, à part les difficultés inhérentes à de semblables recherches, on peut compter sur les sentiments de droiture des peuples du continent africain.

Entre toutes ces explorations, nous devons signaler celle de M. le capitaine Binger, parce qu'elle est toute récente et se rapporte spécialement aux contrées que nous avons à faire traverser par la ligne Transafricaine occidentale.

Parti de Bammako, limite de nos frontières sénégalaises sur le Niger, M. le capitaine Binger, pendant deux ans, explora tout le Soudan, pour venir s'embarquer et rejoindre l'Europe au Grand-Bassam, sur le golfe de Guinée, précisément au point où nous voulons faire aboutir le Transafricain occidental.

Son séjour, en ces contrées, présente pour nous un intérêt d'autant plus grand que précisément ce sont les lieux que nous avons à exploiter, qu'il a visités.

Dire que la vie de M. le capitaine Binger, pendant son séjour en Afrique, n'a pas été exposée à bien des dangers, ne serait pas être juste. Ce serait de plus amoindrir l'honneur, très réel, que comporte de semblables découvertes. Mais M. Binger lui-même rend hommage aux vertus des peuples soudanais qu'il a visités, et ce serait manquer à la vérité, que de ne pas relater ce qu'il a constaté.

C'est ainsi qu'il raconte qu'à Kong, certaines gens du pays voulaient qu'on le mît à mort. Les sages du pays se réunirent sur la grande place, pour délibérer et voir s'il y avait danger pour la contrée à y laisser pénétrer un blanc.

M. le capitaine Binger, interrogé par eux sur le but de son voyage, expliqua que son intention était de favoriser l'extension du commerce entre la France et la contrée de Kong, que, par conséquent, ses vues étaient justes et de nature à faire prospérer les intérêts des deux pays.

Le chef, après avoir consulté son entourage, rendit l'arrêt suivant : « Chrétien, « ton parler est droit, j'étais convaincu « qu'un blanc ne faisait qu'un métier « honnête. Si Dieu t'a laissé traverser tout « ce pays, c'est que telle est sa volonté. « Nous n'irons pas contre la volonté du « Tout-Puissant. Amen ».

Impossible de tenir un langage plus libéral, et non seulement M. Binger après cette décision eut droit de cité dans Kong, mais encore on facilita son voyage dans les autres pays de l'intérieur.

Poussant peut-être un peu loin leurs sentiments d'amitié pour leur nouvel hôte, les gens de Kong voulurent même lui faire épouser trois femmes.

M. le capitaine Binger raconte plaisamment, que pour un célibataire, il trouva que c'était aller un peu vite que de prendre trois femmes à la fois. Pour tout concilier, il les fit épouser par trois noirs qu'il avait pris à sa suite et il ramena toute cette smala en Sénégambie, proclamant qu'il n'avait eu qu'à se louer de la fidélité comme du dévouement de ces gens-là.

Il ne faut pas croire, du reste, que les habitants de cette partie du Soudan soient aussi ignorants que nous le supposons, des choses de notre civilisation.

Entre autres faits, ils savent très bien ce que sont les diverses sortes de religions qui régissent les peuples d'Occident.

Sur ce point, leur tolérance égale leur savoir. Leur opinion se résume par ceci :

« *C'est que les chemins de Moïse, de Jésus,*
« *de Mahomet, mènent tous au même Dieu.* »

Est-ce que cette morale, essentiellement humanitaire, ne nous dit pas combien le rôle civilisateur de la France, en ces contrées, aura de facilités à s'exercer ?

Loin donc de voir dans ces pays, encore lointains, mais que quelques jours seulement sépareront de nous quand nous le voudrons, des dangers inconnus, constatons au contraire, que le Soudan ne nous présentera pas plus de difficultés que la traversée du Sahara ; que par opposition à ce qui se passe dans ce dernier pays, où il n'y a guère que des gens nomades, nous rencontrerons dans la plus grande partie des agglomérations du Sud africain, des peuples sédentaires, agriculteurs pour un grand nombre, qui ne demanderont qu'à s'assimiler le progrès européen.

Evidemment, ce ne sera pas en un jour, que ce dernier résultat se manifestera.

Mais quand on voit comment les nations de l'Extrême-Orient se sont approprié en peu d'années nos sciences, nos mœurs, même nos vêtements, on peut affirmer qu'au point de vue humanitaire, il se produira rapidement, dans toutes les régions africaines, un mouvement considérable dans le sens de notre civilisation. Alors des millions d'êtres, qui vivent à l'heure présente en gens de la nature, demanderont à participer à nos habitudes, à nos usages, et par conséquent à recevoir de nous les produits manufacturés, nécessités par ces usages.

J'arrive maintenant au second ordre de dangers, que nous pourrions craindre de rencontrer dans la traversée à accomplir par la ligne Transafricaine occidentale.

Il a trait aux faits naturels.

Ceux-ci se rangent en trois catégories :

1° Ceux relatifs à l'état sanitaire ;

2° Ceux causés par les vents ;

3° Ceux amenés par la chaleur.

Disons de suite, que l'état sanitaire au Sahara est généralement bon.

L'air y est tellement sec, que la viande s'y conserve fraîche presque indéfiniment. Il n'y a guère de fièvres, que dans le voisinage des puits artésiens, où l'écoulement de l'eau n'étant pas suffisamment ménagé, celle-ci reste stagnante et dégage, comme cela arrive dans tout pays où les eaux ne sont pas drainées, des miasmes paludéens.

Mais ceci est l'exception et généralement le climat est très sain au Désert.

Quant au Soudan, en raison des grands exutoires qui emmènent les eaux vers le golfe de Guinée, il n'y a pas lieu de craindre les maladies qu'on rencontrerait du côté du lac Tzadé et de tout amas d'eau stagnante identique.

Tous les explorateurs se sont du reste

accordés pour peindre ce climat sous des couleurs favorables.

J'arrive au vent, dont l'influence est très redoutée au Désert.

Tout le monde a entendu parler du Siroco, ce vent terrible, qui arréte les caravanes, les met en péril.

N'y aurait-il pas lieu de craindre que ce courant impétueux vint couvrir de dunes mobiles la voie ferrée et la rendre impraticable ?

Non ! et voici la raison de cette asser-tion :

D'abord la région des dunes est parfai-tement limitée et il est facile de les éviter ; ensuite le sable charrié par l'atmosphère, n'est pas en quantité aussi considérable qu'on peut le supposer. Enfin, c'est la ma-tière même qui constitue le terrain du pays, son affluence n'est donc pas à redouter.

Cette affluence n'est du reste pas aussi considérable, que la tradition a voulu le faire croire. Il faut en tout se méfier de l'image agrandie par l'imagination.

Pour préciser, disons que le Targui, sur-pris par le vent, se couche simplement sur le sable et laisse passer la tempête. Loin d'être enseveli, comme on pourrait le croire et comme on l'a souvent cru, par la tourmente, il ne s'amasse sur lui qu'une couche peu épaisse de sable, qu'il secoue, quand le mauvais temps est passé.

Enfin les coulées formées par les fleuves asséchés auraient disparu depuis longtemps, si l'action du sable était aussi envahissante qu'on le suppose généralement.

Elles sont restées intactes et ce sont elles qui nous offrent, à l'heure présente, les tracés les plus aisés pour la ligne à établir.

Donc, de ce côté, pas de préoccupations à avoir.

Arrivons à la chaleur.

Celle-ci est évidemment d'une intensité considérable, surtout au Sahara, presque dépourvu de végétation.

Mais est-ce là un danger absolu, permanant?

Non!

Car si l'air est chaud, il est pur et propre à la vie.

Il n'y a donc à combattre, que l'action calorifique proprement dite.

Bien certainement, il faut compter avec elle.

Mais précisément parce qu'elle existe là,

puissante, permanente, n'y aurait-il pas lieu de trouver dans cet élément, aujourd'hui presque terrible, l'aide nécessaire pour dominer et vivifier le Désert?

Ici surgit un point nouveau, qui apparaît considérable dans ses résultats.

Pour bien examiner cette partie de la question, cherchons avant tout à nous rendre compte de ce qu'est la température au Sahara. Nous verrons ensuite les déductions que nous pourrons en tirer.

Les lois météorologiques n'ont pas été jusqu'ici étudiées d'une manière bien précise au Désert. Il n'y avait pas opportunité à ce que cela fût fait.

Toutefois, nous trouvons dans les documents rapportés par divers voyageurs, notamment par M. Duveyrier, qui a si consciencieusement étudié cette partie de l'Afrique, des observations faites avec assez de soins pour qu'il soit possible de les utiliser dans l'établissement des lois climatériques particulières au Sahara.

Voici le résumé de ces observations :

La température de l'atmosphère présente une grande différence de l'été à l'hiver, puisque la moyenne de l'été est de 41 à 44 degrés et que l'hiver la température baisse, la nuit, jusqu'à la congélation de l'eau, même au-dessous.

La moyenne de 44 degrés est certainement bien moindre que le maximum. Des observations faites en diverses contrées ont permis de constater que la température de l'atmosphère s'élevait à l'ombre jusqu'à 51 degrés.

Au soleil, la température prend beaucoup plus d'intensité. Ainsi, le même thermomètre étant à l'ombre à 38 degrés, s'est élevé au soleil jusqu'à 60 degrés.

On peut déduire de cette observation, que si la température s'élève dans l'air à 44 degrés, elle arrivera dans les points directement exposés à l'ardeur des rayons solaires à 70 degrés environ.

Cette température de 70 degrés a été maintes fois observée. On peut la considérer comme étant la résultante du régime climatérique, dans cette partie de l'Afrique.

Elle est signalée par M. Reclus, dans sa géographie du Sahara, où il dit que la chaleur du sable s'élève à 60 et 70 degrés.

Rohlfs raconte que, cheminant avec son chien en plein Sahara, il lui fallut faire à la pauvre bête des sortes de brodequins en peau, la chaleur du sable étant tellement intense, que ses pattes ne pouvaient la supporter.

Bref, 70 degrés au soleil est la température sur laquelle on peut compter en ces contrées.

Si la chaleur sur le sol est aussi forte, il est intéressant de voir ce que devient cette action sous le sol.

Pour cela, il faut interroger les puits.

M. Duveyrier n'a eu garde d'oublier ce détail. Il a relevé nombre d'observations, dont voici les résultats :

Dunes de l'Erg, température moyenne du puits 22°6 ; profondeur moyenne 10 m. 4.

Plateau de Tinghert, température moyenne du puits 17°50, profondeur moyenne 2 m. 3.

Vallée des Igharghären, température moyenne du puits, 11°40, profondeur moyenne 4 m.

Vallée de l'Ouadi-El-Gharbi, température moyenne du puits 23°30, profondeur moyenne 6 m. 3.

Dunes d'Edeyen, température moyenne du puits 23°50, profondeur moyenne 2 m. 6.

Pour les sources, six observations ont donné une moyenne de 21°58.

M. Ismayl-Boû-Derba a constaté au pied nord du Tasili, que trois sources donnaient une moyenne de 24°30.

Enfin, dans les flaques d'eau tranquille, la température de 21°8 a été relevée.

Ainsi donc, à côté de l'influence torride du Soleil, qui échauffe la surface du sable jusqu'à 70 degrés, on trouve sous terre, à 5 ou 6 mètres de profondeur, de l'eau ayant en moyenne environ 20 à 24 degrés.

Evidemment les températures au soleil, dont nous venons de constater l'existence, sont très fortes. Ce sont à peu près les plus considérables qu'il soit donné à l'homme de ressentir sur la terre.

Mais c'est justement parce qu'elles existent aussi puissantes, qu'il faut songer à les utiliser.

Précisément ce sont elles, qui, eu égard au froid relatif des eaux, nous donneront le moyen de franchir le Sahara sans difficulté, et de le fertiliser sur notre route.

Cette assertion peut paraître osée.

Elle est simplement conforme à la vérité des faits.

L'importance de cette question est tellement considérable, que nous consacrerons tout un chapitre spécial à démontrer sa réalité.

Cette démonstration fera l'objet de notre quatrième chapitre.

CHAPITRE IV

Voilà un titre qui peut paraître une antithèse destinée à frapper l'imagination.

Il n'en est rien cependant. Ce titre exprime simplement une idée vraie, dont l'application peut modifier profondément les conditions d'être du Sahara et de la plupart des pays intertropicaux.

Depuis qu'Archimède a appliqué la chaleur solaire au siège de Syracuse, pour brûler les vaisseaux des Romains, on a bien des fois tenté d'employer cette action calorifique.

Les expériences dirigées en ce sens n'ont donné aucun résultat pratique, parce qu'on s'était efforcé, ainsi qu'Archimède l'avait fait, de concentrer les rayons solaires sur un seul point, de manière à obtenir à ce point une très haute température.

Archimède avait eu raison d'agir ainsi, son but étant d'atteindre la limite d'inflammation. Ceux qui l'ont imité ont eu tort, des températures modérées étant simplement nécessaires à l'industrie.

En effet, pour réaliser la condition ainsi cherchée, il fallait employer tout un agencement de miroirs plus ou moins paraboliques, afin de capter les rayons solaires et de les concentrer ; il fallait encore disposer d'appareils mécaniques, pour pouvoir suivre la marche de ces rayons concentrés, et les maintenir sur les surfaces à chauffer.

Tout ceci était fort coûteux, d'un usage délicat, ne produisant pas d'effets utiles.

La conséquence de cet état de choses a été l'abandon de ces moyens d'action.

Cependant, il y avait intérêt à profiter des hautes températures climatériques, qui se rencontrent en bien des lieux, particulièrement dans le centre africain, surtout pour élever l'eau et la faire servir aux irrigations.

Frappé de l'importance de cette question, nous avons cherché les moyens de rendre possible l'utilisation de la chaleur solaire. Nous y sommes arrivé en appliquant des principes différents de ceux employés jusqu'à ce jour, c'est-à-dire en évitant la concentration des rayons calorifiques ; mais profitant simplement de leur influence reçue directement.

Ces principes se résument en deux ordres de faits principaux, qui se combinent et que voici indiqués :

1° Captation directe, c'est-à-dire sans lentilles ni miroirs, de la chaleur solaire et atmosphérique ;

2° Utilisation parallèle du froid relatif que possède l'eau extraite du sol, par l'action calorifique du soleil.

Ce sont bien là les circonstances que nous rencontrons favorables au Désert, puisque le Soleil nous donne en ces contrées, nous l'avons vu dans le chapitre précédent, une chaleur de 70°, tandis que l'eau ne possède qu'une température de 20 à 25°.

Pour mettre à profit les phénomènes naturels que nous venons de signaler, il faut faire intervenir un corps, qui jouit de propriétés tout à fait spéciales.

Ce corps est l'ammoniaque, dont il devient facile de tirer parti, avec le dispositif que nous allons décrire.

Pour procéder méthodiquement, voyons d'abord les faits physiques et chimiques avec lesquels nous pouvons compter :

1° L'eau possède la propriété d'absorber le gaz ammoniac, en quantités d'autant plus considérables, qu'elle est plus froide.

Ainsi, d'après M. Bunsen :

A 0°, elle en absorbe 1,049 fois son volume;

A 15°, elle n'en retient plus que 727 volumes;

A 25°, température moyenne de l'eau au Sahara, elle en absorbe encore 590 volumes.

Voilà donc un corps, l'*ammoniaque*, qui, même sous les climats tropicaux, conserve la propriété de se dissoudre en quantité considérable dans l'eau.

Ce n'est pas tout.

Quand la solution d'ammoniaque, ainsi formée, est chauffée, elle rend une quantité de gaz ammoniac proportionnelle à la chaleur employée. Au contraire, elle réabsorbe cette quantité de gaz ammoniac, quand elle est à nouveau refroidie, et ceci avec tant d'avidité, qu'il ne reste pas trace du gaz dégagé.

2° Les feuilles métalliques possèdent la propriété d'absorber les rayons calorifiques solaires ou autres, traversant l'atmosphère, dans une proportion déterminée par la pratique. Cette proportion est d'environ 16 calories, par heure et par mètre carré, pour une différence de 1 degré.

(La calorie est l'unité de chaleur employée dans tous les calculs calorifiques. Elle est égale à la quantité de chaleur qu'il faut donner, pour élever un kilogramme d'eau, de un degré centigrade.)

3º La quantité de chaleur qu'envoie le Soleil sur la Terre, est moyennement, d'après Pouillet, et MM. Crova et Violle, de 4/10 de calorie par seconde, toujours par mètre carré exposé perpendiculairement aux rayons solaires.

Cette quantité parait faible à première vue.

Elle équivaut cependant, pour la _surface de notre globe, à l'incroyable force de 300,000,000,000,000 de chevaux-vapeur. Autrement dit, trois cent mille milliards de chevaux-vapeur !

Cette énergique influence, qui entretient la vie sur la Terre, se ressent naturellement d'une façon d'autant plus active, qu'on s'approche de l'Équateur.

Ceci dit, quel pouvoir considérable peut être fourni par les déserts africains, et quels progrès s'y peuvent accomplir, à l'aide de cette puissance absolument gratuite !

Mais n'anticipons pas. Fixons d'abord nos

idées sur la manière de développer l'é-
nergie que nous signalons.

Partant des données que nous venons
d'indiquer, nous disposons des capacités
métalliques, étanches et plates, simplement
formées de feuilles de tôle rivées deux à
deux sur tout leur contour. Ces feuilles
sont maintenues écartées de quelques
millimètres par des entretoises. On forme
ainsi des sortes de chaudières très aplaties,
appelées plaques calorifiques, à cause de
leur forme apparente. Ces plaques peuvent être de dimensions variables. Ordinairement on leur donne une longueur
de 3 m. 50 sur 1 m. 12 de largeur.

Chacune de ces chaudières-plaques constitue ainsi une capacité close, dans laquelle
on enferme la solution ammoniacale.

Chacune aussi présente environ 4 mètres
carrés de surface exposée au soleil.

Un certain nombre de ces plaques calorifiques, placées à côté les unes des autres,
et reliées par des tubes, forment une toiture qui peut servir d'abri. Quand les rayons
solaires tombent sur cette toiture, elle
reçoit la chaleur ainsi amenée et se trouve
transformée en générateur.

A mesure que ce générateur s'échauffe,

la solution ammoniacale, qu'il contient, s'échauffe aussi et par suite le gaz ammoniac de cette solution est dégagé, mais non mis en liberté, puisqu'il est en vase clos.

Il prend au contraire, sous cette influence calorifique, une tension de plusieurs atmosphères.

Voilà donc la force trouvée.

La vapeur sous pression, ainsi générée, est dirigée vers un cylindre moteur analogue à tous les cylindres de machines à vapeur. Le piston de ce cylindre actionne une pompe à eau.

Or, l'eau puisée dans le sol est relativement froide, puisque nous avons constaté, dans le chapitre précédent, qu'elle avait au plus 25° en plein Désert. Avant de s'écouler au dehors, on la force à circuler dans des tubes ou serpentins présentant une surface suffisante. Ces tubes ou serpentins sont enfermés dans un récipient contenant une certaine quantité de solution ammoniacale soustraite aux plaques.

Cette solution amenée là se rafraîchit, puisqu'elle entoure les tubes ou serpentins qui contiennent l'eau en circulation et qu'elle leur cède son calorique. Par suite de ce refroidissement la solution reprend le pouvoir d'absorber à nouveau le gaz ammoniac, à sa sortie du cylindre moteur, et elle l'absorbe en effet.

Ainsi reconstituée par l'absorption des vapeurs ammoniacales ayant servi, la solution est renvoyée dans les plaques calorifiques, et remplacée par un liquide appauvri, qui, à son tour, va s'enrichir, et ainsi de suite.

En résumé, la chaleur solaire force le gaz ammoniac à sortir de sa dissolution et le fait travailler à produire de la force motrice ; l'eau froide extraite du sol, par l'absorption calorifique qu'elle exerce, permet, au contraire, la réintégration du gaz ammoniac dans ladite solution.

Ce phénomène d'absorption est d'autant plus manifeste, que la solution sortant des plaques calorifiques étant appauvrie, vient avec énergie reprendre, dans l'absorbeur, le gaz ayant travaillé.

Ces explications étant données, nous allons maintenant sommairement reprendre l'ensemble et la marche de l'appareil, qui sera ainsi mieux compris.

Les plaques calorifiques, génératrices de la puissance ammoniacale, communiquent entre elles par des tubulures et par des tuyaux allant aboutir à un récipient collecteur. Dans ce collecteur vient s'amasser, sous pression, le gaz ammoniac dégagé par l'action de la chaleur. Ce gaz se rend de là au cylindre moteur, dont il actionne le piston. Celui-ci fait mouvoir une pompe placée dans un puits quelconque.

Après avoir produit son effet sur le piston, le gaz ammoniac s'échappe, allant gagner la partie inférieure d'une bâche, dans laquelle il débouche librement. Cette bâche renferme de la solution alcaline, descendue du toit, et maintenue à un niveau constant par un flotteur.

Comme nous l'avons dit, il y a un instant, dans ce liquide baigne un serpentin parcouru intérieurement par de l'eau. Cette eau est celle, froide, qui est puisée par l'appareil dans le puits. Elle maintient refroidie la solution entourant le serpentin et facilite ainsi l'absorption constante du gaz ammoniac ayant travaillé. Finalement, elle s'écoule au dehors par un ajutage, la tenant à la disposition de la consommation.

Enfin, une pompe à plongeur, mue par le piston moteur, renvoie constamment, dans la toiture, la solution ammoniacale, qui, ayant réabsorbé le gaz d'échappement, s'est ainsi rechargée.

Il résulte de ces diverses dispositions, qu'à chaque coup de piston :

1° Une certaine quantité de solution enrichie est restituée aux chaudières-plaques, formant le toit calorifique, pour être de nouveau exposée à la chaleur ;

2° Que cette solution, ainsi renvoyée, est remplacée immédiatement dans l'absorbeur par une égale quantité, venant du toit, mais affaiblie;

3° Que le gaz échappé du cylindre moteur est absorbé par la dissolution.

En ces conditions, l'appareil se trouve alimenté continuellement, et de lui-même, ce qui assure son action régulière et permanente. Il suffit, du reste, de le voir marcher pendant quelques instants, pour constater avec quelle facilité se produisent successivement tous les phénomènes que nous venons de décrire.

Les figures 1 et 2 sont des planches d'ensemble montrant avec quelle variabilité, dans leurs dispositions, les installations peuvent être établies.

La figure 1 est la vue d'un appareil établi dans une ferme et se prêtant par conséquent à toutes les exigences d'une installation rurale.

FIGURE 2. — Vue d'un appareil établi dans un jardin.

La figure 2 présente le même appareil appliqué aux besoins d'un jardin d'agrément.

La figure 3 donne l'ensemble d'un toit calorifique.

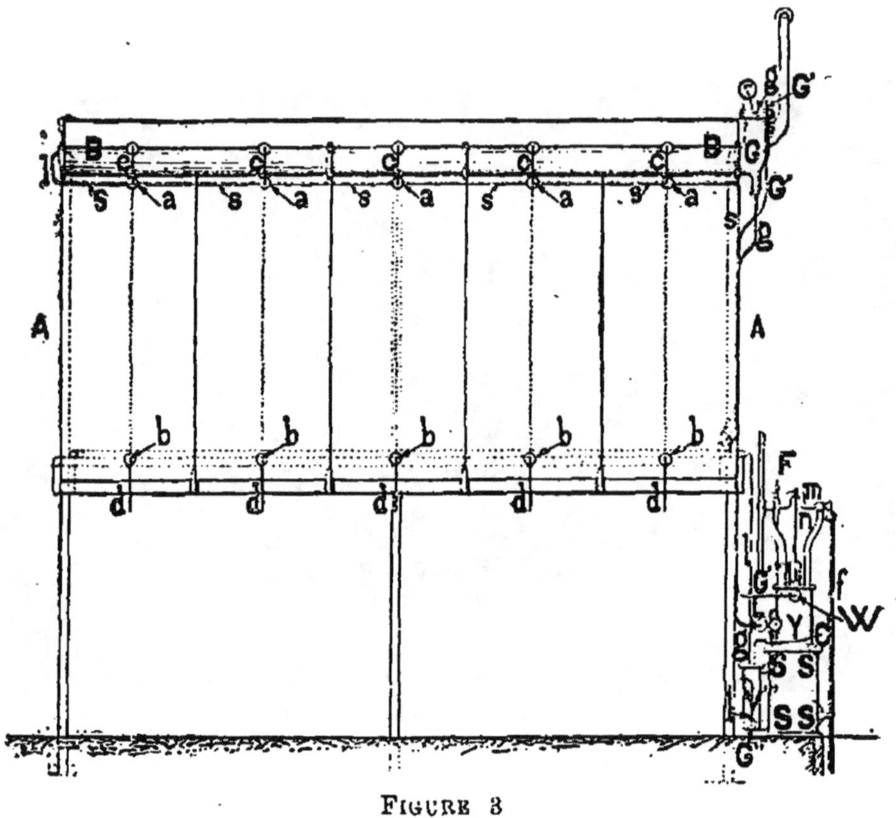

FIGURE 3

Vue de face d'un toit calorifique et d'un moteur propre à élever les eaux par la chaleur du Soleil.

Nous voyons sur cette figure, en *ab, ab, ab, ab, ab*, les plaques calorifiques, le collecteur de vapeurs ammoniacales BB, ainsi que le moteur W.

La figure 4 reprend les mêmes pièces que la figure 3, mais vues de côté. Elles sont indiquées par les mêmes lettres.

Les figures 5 et 6 montrent plus spécialement le moteur animé par les vapeurs ammoniacales produites par le toit calorifique.

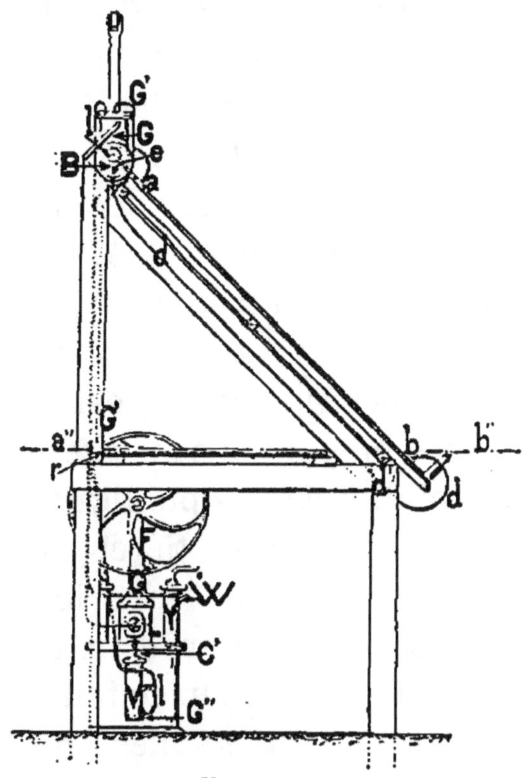

FIGURE 4.

Vue de côté d'un toit calorifique et du moteur propre à élever les eaux par la chaleur du Soleil.

La figure 5 est la vue de face de ce moteur. Elle permet de voir en L le cylindre moteur proprement dit; en *ssss*, la bâche recevant la solution appauvrie, laquelle arrive par le flotteur VV ; en *ssss*, le serpentin refroidisseur parcouru par l'eau puisée.

Nous ne nous étendrons pas plus longuement sur cette question d'appareils. Nous sortirions ici de notre sujet.

Nos lecteurs qui voudraient des détails plus circonstanciés, les trouveront dans une brochure intitulée : *Elévation des eaux par la chaleur atmosphérique* (1), de même que ceux d'entre eux qui désireront des notions plus spéciales sur l'ammoniaque et son emploi, pourront les trouver dans un volume que j'ai publié en 1867, sous le nom de *l'Ammoniaque dans l'industrie*. Il est épuisé en librairie, mais on peut le consulter dans la plupart des bibliothèques publiques.

Pour terminer sur ces matières un peu techniques, disons seulement que les plaques génératrices de vapeur d'ammoniaque peuvent être disposées sur le toit d'une habitation quelconque et établies en nombre aussi considérable qu'on le veut ; que, de plus, elles peuvent aussi être surmontées d'un châssis en verre, de manière à emprisonner les rayons solaires et les faire agir aussi énergiquement que possible.

---

(1) J. Michelet, éditeur, 25, quai des Grands-Augustins, Paris.

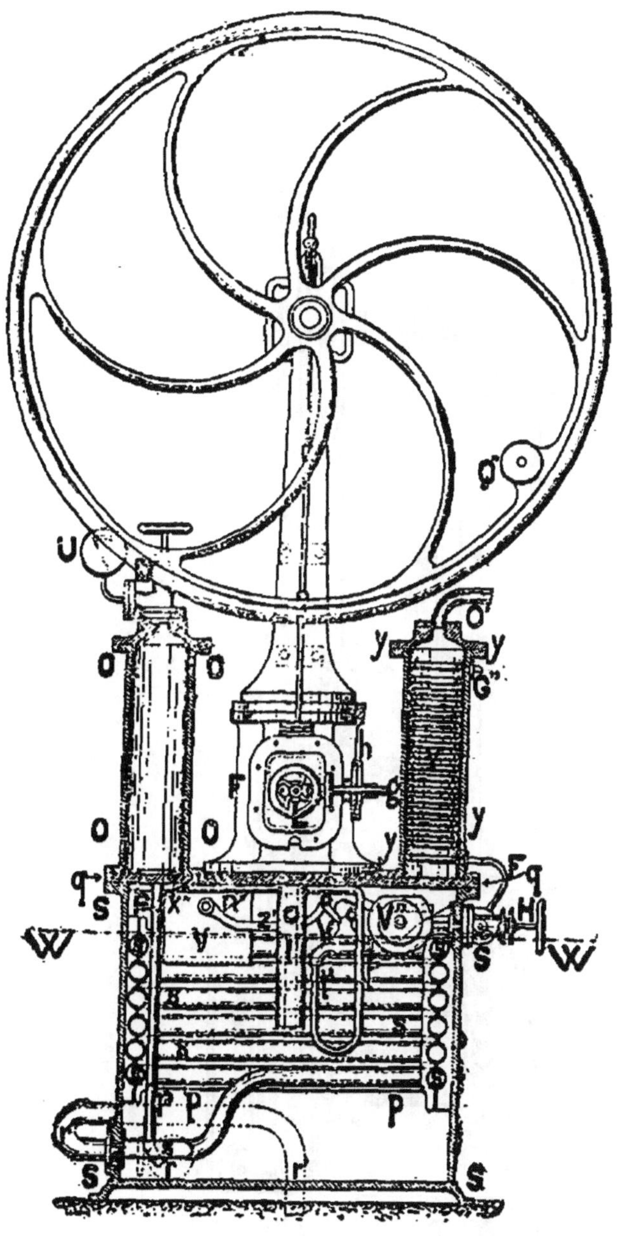

FIGURE 5.

Vue de face d'un moteur mû par la chaleur du Soleil.

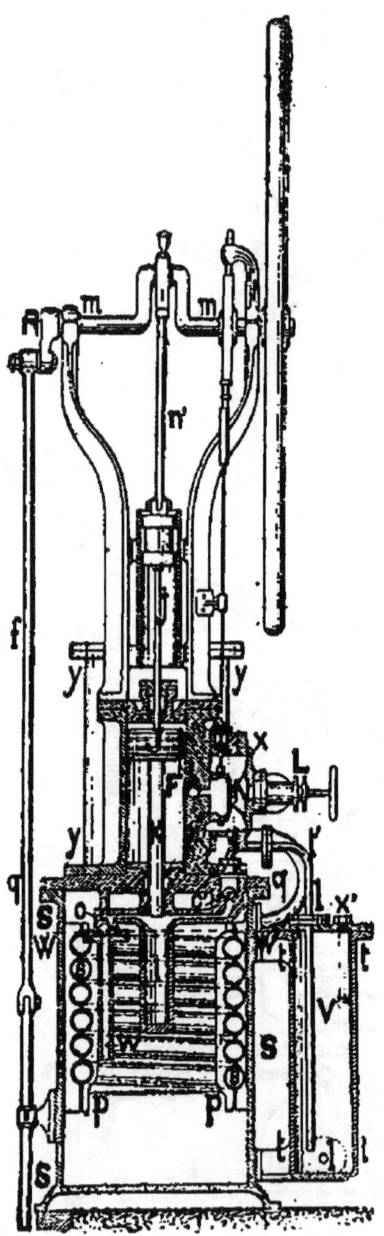

FIGURE 6.

Vue de côté d'un moteur mû par la chaleur du Soleil.

Le tracé présenté par la figure 7, montre toute la différence constatée à Paris entre les températures extérieures, représentées par le diagramme inférieur et celles obtenues sous le verre. Ces dernières sont indiquées par le diagramme supérieur.

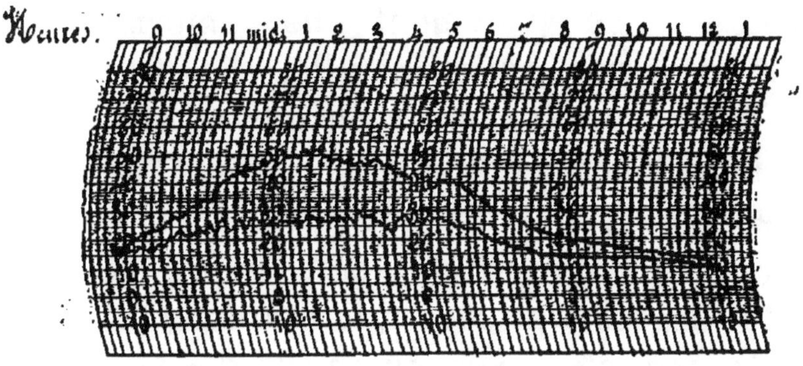

Fig. 7. — Diagrammes des températures obtenues le même jour sur un toit calorifique, sans châssis vitré et avec châssis vitré.

D'après les observations indiquées ci-dessus, on obtiendra dans le Sahara une température, dans les plaques calorifiques contenant la solution ammoniacale, de 90 degrés environ, laquelle ira peut-être jusqu'à 100 degrés.

On comprend, de suite, l'énorme énergie calorifique qu'il est possible de recueillir ainsi, puisqu'on peut aisément produire, avec ces températures, des pressions de 5 à 6 atmosphères et même plus.

L'eau puisée dans le sol, qui a servi à

refroidir la solution ammoniacale, n'a pas changé de nature, elle s'est simplement un peu échauffée. Elle reste, par conséquent, bonne pour tous les usages auxquels on veut la destiner. Elle est d'autant plus propre à l'arrosage, que justement elle renferme tout le calorique, qui a travaillé.

De nombreuses expériences ont été faites à Paris avec cet appareil.

Elles permettent de dire que, dans le Sahara, étant donnée la température de 90 à 100 degrés, qui sera atteinte dans les plaques, ce n'est pas seulement de l'eau qu'il sera possible d'élever, mais encore de la force motrice qui pourra être obtenue pour toutes espèces d'applications.

C'est ainsi, qu'il sera possible de supprimer les locomotives sur la voie ferrée à créer et de les remplacer par des appareils utilisant la force du soleil emmagasinée.

C'est ainsi encore, que l'éclairage électrique fera, dès les premiers travaux, son apparition dans le Désert. Ce sera le Soleil du jour, qui éclairera la nuit du Désert.

Ce n'est pas tout :

L'eau, dans le Sahara, est souvent saumâtre. Avec la force prise au Soleil, il sera facile d'établir des appareils frigorifiques,

dont le travail ne coûtera rien, et de conge-
ler l'eau destinée à la boisson.

La congélation fera précipiter les sels ;

La glace recueillie ne sera formée que
d'eau pure ;

Cette glace, fondue, donnera de l'eau
aérée, excellente à boire.

Si l'eau, ainsi préparée, contenait encore
quelques germes morbifiques, car la congélation ne tue pas les microbes, la cuisson la débarrasserait de ces germes.

Désormais donc, partout au Désert, grâce
au Soleil, on sera sûr de trouver de l'eau
excellente, ceci au grand profit de l'hygiène
de ces contrées.

Enfin, quand la voie ferrée aura atteint
le Niger, il faudra penser à naviguer sur
ses eaux. Il y a là un considérable réseau
fluvial dont il faut profiter.

Le charbon y vaut 400 ou 500 francs la
tonne. Pas moyen de l'utiliser !

Il n'y a pas de chemin de halage. Pas
moyen encore d'actionner ainsi la navigation.

Eh bien, le Soleil nous donnera le moyen
de remplacer le charbon, le bois, les chevaux et de naviguer gratuitement.

En effet, en établissant des toits calorifi-

ques sur les bateaux destinés à cette navigation, on les fera circuler sur le fleuve,
par la seule influence du Soleil.

Evidemment, la vitesse donnée à ces
transports ne sera pas celle des bateaux à
vapeur ordinaires.

Mais elle sera celle des chalands qui na-
viguent sur nos rivières et nos canaux.

Or, pour un pays neuf, nous n'avons pas
mieux à demander, que ce que nous obte-
nons ici pour notre navigation intérieure.

Enfin, dans un sol à terre meuble, à
vastes étendues horizontales, les moyens
de cultures mécaniques sont tout indiqués.

Le Soleil labourera, quand il le faudra,
et épargnera les forces de nos travailleurs.

Tout ceci peut paraître incroyable,
féerique même !

Si l'on veut bien réfléchir qu'un hectare,
au Désert, ne valant pas à l'heure présente
un centime, couvert de toits calorifiques, ne coûtant pas plus que les surfaces employées à produire de la vapeur d'eau
par le charbon, pourra fournir une force
gratuite de mille chevaux à l'heure, on
comprendra de suite que tout ce que nous
venons de dire deviendra possible et
qu'un immense développement est ré-

servé aux forces naturelles de ces contrées.

En résumé, le Soleil nous donnera, au Sahara :

1° La fertilité, par l'eau, qu'il fera réapparaître sur le sol ;

2° L'eau potable, en ramenant les eaux saumâtres, par la congélation et la cuisson, à la qualité désirée ;

3° Les transports économiques par voie ferrée, par la force motrice emmagasinee, qu'il mettra à la disposition de la traction ;

4° Les transports presque gratuits par eau, par l'application des plaques calorifiques absorbantes des rayons solaires, à la navigation ;

5° La lumière, par la force électrique, qu'il permettra d'accumuler le jour et de dépenser la nuit ;

6° Les travaux agricoles, par la force gratuite mise à la disposition des agriculteurs.

Le Soleil ne sera donc plus l'ennemi désolant, dont l'influence détruit toute vie au Sahara. Au contraire, il deviendra l'auxiliaire le plus précieux de la civilisation, que la France a mission de faire naître en ces contrées.

Nous avions donc raison de dire que, loin

de craindre la chaleur dans les contrées qui nous occupent, il fallait la bénir et voir en elle la source de richesses inconnues, comme aussi l'élément le plus précieux de la conquête pacifique à réaliser.

Ayant ainsi justifié ce que nous disions, sur l'influence considérable réservée au Soleil dans la civilisation du centre africain, voyons à examiner une autre question, qui peut préoccuper.

Nous voulons parler de la main-d'œuvre.

Nous allons étudier les moyens de l'obtenir, aussi complète qu'il sera nécessaire, dans le chapitre suivant.

CHAPITRE V

MAIN-D'ŒUVRE

La main-d'œuvre mérite maintenant notre attention.

On peut objecter en effet, que les Européens sont peu propres à travailler sous un climat aussi torride; que le Désert manque d'habitants, et que ceux qu'on y rencontre sont des nomades, impropres à tout labeur suivi.

D'abord, les Européens n'auront à s'occuper que de travaux intellectuels et ils n'avanceront vers l'intérieur, qu'autant que la voie ferrée, elle-même, s'y allongera. Ceci dit qu'ils jouiront de toutes les conditions de sécurité, de confort, d'hygiène, qu'il est nécessaire pour eux de rencontrer.

Ensuite, l'Algérie fournira un contingent de travailleurs, nègres pour la plupart, et par conséquent faits au climat.

De plus, il sera possible de faire venir, soit des Chinois, soit des Malais.

L'Angleterre tire du concours de ces hommes-là un travail considérable. Il n'y a aucune raison pour que nous n'agissions pas de même.

Je sais qu'en France, nous sommes éloignés de cet ordre d'idées, et qu'il nous apparaît que les étrangers, sur le sol de nos colonies, font tort à nos compatriotes.

Ceci est une grave erreur.

Plus il y a d'habitants, plus il y a de consommateurs, plus il y a d'impôts payés, plus aussi le pays se trouve exploité dans ses moyens productifs. Or, tout ceci profite à la colonie, comme à la mère-patrie.

Enfin, au fur et à mesure, que nous avancerons dans le Sahara, nous rencontrerons, non seulement une population innombrable de gens propres au travail, mais nous aurons en plus tous les fugitifs que rendent errants les guerres incessantes de ces contrées.

Ajoutons, que le rachat des esclaves pourra également fournir un nombre considérable de travailleurs. On deviendra ainsi l'auxiliaire de l'œuvre si grandement préconisée par Mgr de Lavigerie : *la disparition de l'esclavage en Afrique.*

Il faut bien le dire, en effet, la lutte pour faire des esclaves est pour ainsi dire en permanence sur le sol africain.

Pour comprendre toute la profondeur de cette plaie, il est bon d'écouter ceux qui ont parcouru ce pays.

Un de nos missionnaires, placé sous la direction du cardinal de Lavigerie, et qui est arrivé ces temps derniers de l'Ouganda, province du sud-est africain près du lac Victoria-Nyanza, raconte en ces termes ce qu'il a vu :

« Le roi de l'Ouganda, qui se nomme Mouanga, est très puissant. Il a un vaste territoire peuplé de *dix millions* d'habitants, et s'est fait une réputation de férocité justement méritée.

« Pour ne citer qu'un exemple de sa barbarie et afin de faire apprécier l'immense but humanitaire poursuivi par le cardinal de Lavigerie, je dirai que ce roi ne possède ordinairement pas moins de quinze mille femmes, dont il fait tuer cinq par jour, en moyenne, dans le seul but de se distraire. Ces malheureuses, après avoir été horriblement mutilées, sont exécutées aux applaudissements de la Cour.

« Mouanga est le plus grand esclavagiste

de l'Afrique centrale. Il fournit aux négriers musulmans environ cent cinquante mille esclaves par an.

« Ces esclaves sont transportés de la côte de Zanzibar dans la Turquie d'Asie, jusque sur l'Euphrate et dans le golfe Persique. On les embarque dans des bâtiments appelés boutres, où on les parque comme des bêtes. Chaque embarcation en transporte au moins cinq cents, pour cinquante qu'elle peut à peine contenir. Puis, à la faveur des ténèbres et malgré les croisières, ces boutres cinglent vers les côtes de l'Arabie, d'où les esclaves sont dirigés sur la Turquie d'Asie. Ils y sont vendus clandestinement par l'entremise des pachas, qui touchent 9 fr. 50 par chaque tête d'esclave. Tous n'arrivent cependant pas à destination, car les malheureux sont empilés de telle sorte, qu'il en meurt ordinairement un quart pendant la traversée, et quelquefois, quand une maladie se déclare, la cargaison tout entière est emportée. »

Un pareil état de choses est vraiment épouvantable et il ne date pas d'hier, car, il ne faut pas l'oublier, l'Afrique a toujours été le grand pourvoyeur des négriers.

Il est facile de comprendre, que la nouvelle des progrès faits en Afrique par la France sera vite connue, qu'elle se propagera d'une province à l'autre.

Or, quand ces peuples sauront : que le droit d'asile existe sous le pavillon français ; que protection sera donnée à tous ceux qui voudront être libres et travailler ; on verra un courant considérable de population se porter vers nous. Par conséquent, ce seront tout à la fois des consommateurs et des travailleurs, que nous nous serons attachés et qui nous viendront de tous côtés, en même temps que ce seront des gens tyrannisés, que nous aurons émancipés.

Donc, au point de vue de la main-d'œuvre et de ses conséquences, pas de préoccupations à avoir.

CHAPITRE VI

ITINÉRAIRE ET CONSTRUCTION DU TRANSAFRICAIN

OCCIDENTAL

Ayant expliqué, dans les chapitres précédents, tout ce qui milite en faveur de la création de la ligne Transafricaine occidentale, il s'agit maintenant de voir comment la réalisation de cette entreprise peut s'opérer.

Ici, deux questions se présentent :

L'une est relative à l'établissement même de la voie ;

L'autre, aux capitaux nécessaires, ainsi qu'aux moyens de réunir ces capitaux.

Nous examinerons le premier de ces points dans ce chapitre.

Dans le suivant, nous verrons à étudier plus spécialement la question du capital.

Revenons au premier point.

La création de la ligne Transafricaine occidentale comporte trois faits principaux :

1° L'itinéraire à suivre ;

2° L'établissement des stations ;

3° Les moyens de défense.

Voyons d'abord l'itinéraire.

Déterminer aujourd'hui le port d'Algérie qu'il y aurait lieu de choisir pour point de départ de la ligne Transafricaine occidentale, n'est pas opportun, attendu que bien des circonstances locales, à étudier ultérieurement, pourront modifier la décision à prendre.

Il convient d'ajouter que plusieurs lignes peuvent partir des côtes méditerranéennes, pour aboutir au Niger, première section de la ligne Transafricaine occidentale.

En inspectant la carte qui accompagne, on voit, en effet, que de tous les ports du littoral algérien, on peut gagner le Niger et que très certainement, avec le temps, tous ces moyens d'accès se réaliseront.

Pour l'instant, constatons une chose, c'est que deux tracés principaux se présentent au début, pour fournir la solution désirée.

Le premier part directement de la Méditerranée, en prenant Oran comme port d'attache. Le parcours est déjà en exploitation jusqu'à Aïn-Safra, et d'ici peu, s'il n'est déjà achevé, il va se prolonger jusqu'à Figuig, c'est-à-dire sur un parcours de 525 kilomètres.

Le tracé a été étudié par M. Pouyane, ingénieur en chef des mines, jusqu'à Taourit, localité située à l'extrémité du Touat, soit sur un parcours supplémentaire de 806 kilomètres.

Resteraient 800 à 900 kilomètres pour atteindre Tombouctou et par conséquent le Niger.

Les conclusions de M. l'ingénieur Pouyanne, rappelées par M. Bédier, dans une communication faite à l'Association française pour l'avancement des sciences, sont assez intéressantes pour être reproduites ici :

« 1° Le chemin de fer peut être prolongé
« on ne peut plus facilement de Figuig à
« Taourit, c'est-à-dire jusqu'au fond du
« Touat, sur un parcours de 806 kilomètres.

« 2° Cela peut être fait en très peu de
« temps.

« 3° Toutes les dépenses, y compris les
« constructions militaires destinées à la
« protection de la voie, ne s'élèveront pas,
« en calculant très largement, à plus de
« 80 millions, c'est-à-dire à 100.000 francs
« par kilomètre.

« 4° La ligne sera assurée de suite d'un
« trafic d'au moins 200,000 tonnes. »

Fâcheusement, la ligne indiquée ne dessert qu'une faible partie de l'Algérie. Elle se prolonge en effet à peu de distance de la frontière du Maroc, qu'elle entame même notablement. De plus, elle est construite à voie étroite, ce qui n'est pas propre à favoriser l'immense développement que doit prendre la ligne Transafricaine occidentale.

Notre tracé partirait des oasis d'Ouarglâ, situées au centre même de nos possessions méditerranéennes.

Il aurait là le grand avantage de pouvoir se relier, par des embranchements faciles à établir, avec tous les ports du littoral algérien, soit Alger, Bougie, Philippeville, Bône, Tunis, voire même Tripoli et Tanger ainsi que la carte qui accompagne le démontre.

Evidemment, il ne s'agirait pas, au début, d'établir tous les embranchements que nous venons d'indiquer; mais il est utile de constater qu'à un moment donné, ces embranchements auront, tous d'autant mieux raison d'exister, qu'un trafic suffisant surgira pour chacun d'eux, et qu'ainsi, les intérêts généraux de l'Algérie, si intéressants à développer, seront partout servis.

D'après ce que nous venons de dire, Ouarglâ se trouverait donc être la véritable tête de ligne du Transafricain occidental.

Ce centre se trouve du reste par sa situation, comme par l'excellence de son sol arrosé par de nombreuses sources artésiennes, admirablement placé pour remplir ce rôle important.

De tous les embranchements que nous venons de signaler et qui aboutiraient alors Ouarglâ, celui de Philippeville parait être préférable.

Voici pourquoi :

D'une part, la ligne est faite de Philippeville jusqu'à Biskra ;

D'une autre part, cette ligne est établie à voie large, ce qui est favorable à l'accroissement réservé, par l'avenir, au trafic transafricain.

A Biskra commenceraient donc les nouveaux travaux.

Là, la ligne continuerait par Tougourt, jusqu'à Ouarglâ, suivant le cours d'un de ces fleuves disparus, mais que nous savons couler sous terre, l'Igharghar, lequel descend des massifs de l'Ahaggar pour, à travers le Désert, gagner le Chott Melrir, placé au bas des montagnes de l'Aurès.

D'Ouarglâ, la ligne passerait à travers les dunes de l'Erg oriental (région des dunes), profitant toujours de la vallée de l'Ighar-ghar, laquelle forme une large trouée à travers ces dunes.

Poussant en avant, le tracé prendrait une autre coulée, formée par le plateau de Tin-ghert et le Djebel el Kehou (montagne de Kehou).

C'est toujours l'Igharghar, qui suit ce parcours. Sa présence, quoique dissimu-lée, montre qu'il n'y a de ce côté aucun obstacle sérieux.

La voie arriverait ainsi à Timassinin, puis prenant partie de la vallée d'Isaouan, elle passerait entre les monts Iraouen ou Mouydir et le Tasili du Nord.

Arrivée à Aghelàchchem, point situé sous le Mouydir, la ligne quitterait l'Igharghar pour suivre un de ses affluents, l'Oued Amedjel, lequel nous conduirait jusqu'à Tahela-Ohât (Belle-Source), où pourraient venir se jonctionner dans l'avenir leslignes d'Oran et du Maroc.

A partir de là, une longue vallée nous mènerait à Timissao, c'est-à-dire entre le plateau du Tanez-Rouff et le Tasili du Sud.

De Timissao, la voie passerait en plein

Désert, pour venir cotoyer le plateau d'Adghagh, et enfin aborder le Niger.

Ainsi qu'on peut le remarquer, en observant la carte, cette route a le très grand avantage de suivre constamment des pays montagneux, assez élevés pour attirer les eaux atmosphériques, et, par suite, donner naissance à des rivières apparentes ou cachées.

En effet, les monts du Mouydir et du Tasili du Nord s'élèvent à une hauteur d'environ 1,500 à 1,800 mètres.

Ceux de l'Ahaggar atteignent jusqu'à 3,000 mètres environ et sont couverts de neige pendant trois mois.

Ceux du Tanez-Rouff et du Tasili du Sud montent à 1,800 mètres.

Enfin, le vaste plateau d'Adghagh ou Adrar, qui couvre un espace d'environ 200,000 kilomètres carrés, soit presque la moitié de la surface de la France, s'élève lui-même, successivement, jusqu'à une altitude de 1,500 à 2,000 mètres.

La neige ne s'y conserve pas et le pays est riche en pâturages et en arbres croissant le long des ruisseaux. C'est ce qui fait dire à M. Reclus, qu'il pourrait devenir une Suisse africaine.

Cette situation indique que sur toute cette route il est possible, comme je l'ai déjà fait observer, de profiter de nombreuses vallées; que, par conséquent, la voie peut se développer, sans qu'il y ait à s'occuper de travaux d'art dans le sens réel de ce mot.

Je dois ajouter qu'un tracé parallèle pourrait être établi par la vallée de l'Oued Tafassasser. Cette rivière paraît être le grand exutoire qui amenait au Niger, à une époque antérieure à nous, les eaux de toutes les pentes méridionales des centres montagneux, que nous venons de signaler.

Mais l'Oued Tafassasser nous conduirait bien bas sur le Niger, tandis qu'au contraire il y a un intérêt sérieux à atteindre ce fleuve vers sa boucle septentrionale. **En procédant** ainsi, on trouve deux avantages :

1° On raccourcit la voie ferrée ;

2° On coupe en deux, pour ainsi dire, le Niger et il devient possible de profiter, à droite et à gauche de l'immense étendue navigable, présentée par ce grand fleuve.

Le Niger part en effet du Sénégal, pour venir se jeter dans le golfe de Biafra, c'est-à-dire en cotoyant, dans une très grande partie de son cours de 4,150 kilomètres, les contrées populeuses du Soudan.

Dans la boucle septentrionale du Niger que nous indiquons, nous trouvons justement la ville célèbre de Timbouctou ou Tombouctou.

Y a-t-il intérêt pour la voie nouvelle à aller joindre cette ville ?

Non, car elle n'a pas l'importance qu'on lui suppose ; de plus, en abordant le fleuve à Igomaren, il devient facile de joindre par eau Tombouctou.

Igomaren, qui, jusqu'à plus ample informé, paraît être sur le Niger le point d'arrivée le plus avantageux, est appelé vraisemblablement à un avenir considérable.

C'est l'endroit du fleuve le plus rapproché du littoral algérien. Il permet de faire accéder la ligne ferrée, par le voisinage du plateau d'Adghagh et par conséquent de profiter des vallées, qui descendent naturellement de ce plateau.

C'est enfin le point, qui, grâce à une bifurcation sur Gagho ou Gogo, permet d'éviter le passage difficile du Niger, nommé les Portes-de-Fer, et de gagner le golfe de Guinée par le bas Niger.

La ligne, arrivée à Igomaren, se trouverait naturellement arrêtée par le fleuve.

Au début, un bateau-ponton, disposé

convenablement, transporterait les trains d'une rive à l'autre ; aucune difficulté ne se rencontrerait donc pour la traversée du Niger.

En face d'Igomaren et de l'autre côté du fleuve, repartirait la voie à créer.

Elle gagnerait d'abord Mindoro, en traversant une coulée existant dans les monts Hombouri, puis suivrait par Gurou, Kajari, Karbi, jusqu'à Kong.

Là, la ligne prendrait la vallée de la rivière Assinie ou celle voisine de l'Akba, qui, toutes deux, débouchent dans la lagune Ebrié, c'est-à-dire près du Grand-Bassam, notre principal établissement sur la côte d'Ivoire, dans le golfe de Guinée.

Les dernières explorations de M. le capitaine Binger semblent indiquer que la vallée du fleuve Akba serait préférable comme se rapprochant très sensiblement de Kong. La vallée du fleuve Assinie aurait l'avantage de nous conduire plus au centre de nos possessions de la côte d'Ivoire.

En ces conditions, d'immenses contrées, c'est-à-dire toute l'Afrique occidentale, seraient reliées à l'Algérie et soumises, par suite, à la domination industrielle de la France.

Ce seraient d'abord les Touaregs, qui, par leurs nombreuses caravanes, viendraient s'approvisionner aux stations de la ligne saharienne et répandraient nos produits dans tout le Désert.

Puis à partir d'Igomaren, nous aurions toutes les contrées baignées par le haut Niger et ses affluents ; par suite la Sénégambie, déjà reliée à ce fleuve, partie par voie ferrée, partie par une route carossable.

Par la ligne prolongée du Niger au Grand-Bassam, nous aurions les immenses populations du Soudan, qui viendraient, elles aussi, s'approvisionner aux centres créés sur la voie ferrée et y apporter les éléments de leur trafic.

Enfin, par le bas Niger, ce seraient, non seulement les riverains, qui viendraient chercher nos produits, mais aussi tous les habitants des contrées parcourues par les affluents de ce fleuve.

Ceux-ci, tels que le Tokoto, le Benné, etc., etc., sont eux-mêmes de très grandes rivières navigables, se prolongeant bien avant dans les terres et dont chaque bassin deviendrait tributaire de nos moyens d'action.

Enfin, disons que de l'embouchure du Niger à nos possessions du Congo, si ardemment civilisées par M. de Brazza, il n'y aurait que la traversée du golfe de Biafra, c'est-à-dire environ quatre à cinq jours de mer, ce qui rapprocherait singulièrement de nous le vaste territoire possédé là par la France.

Telle est en résumé l'œuvre à accomplir par la création du Transafricain occidental.

Le côté grandiose et élevé de l'entreprise apparaît nettement; reste à voir les moyens financiers à employer.

Avant de les étudier, constatons une chose, c'est que la ligne, dans tout cet itinéraire, ne présente aucune espèce de difficultés et qu'elle se résumera par la pose des rails.

Cette ligne sera-t-elle à voie large ou à voie étroite?

Ceci est encore une question qui méritera une attention sérieuse.

Nous croyons cependant que la voie large, se prêtant à toutes les nécessités du trafic comme à celles de la défense, est à préférer. C'est cette considération, qui, il y a quelques instants, nous amenait à choisir, comme point de rattachement, la ligne de

Philippeville à Biskra, parce que, elle aussi, a été construite à voie normale.

Si nous ne voulons pas déterminer actuellement la largeur définitive de la voie, nous pouvons au moins préciser sa longueur.

La ligne existe de Philippeville à Biskra, il y a donc lieu de profiter de ce tronçon. Une entente sera facile à établir avec la compagnie concessionnaire, puisque ce sera un vaste trafic qu'on lui fera ainsi arriver.

En tout cas, Bougie, dont le port peut être à peu de frais mis en état, pourrait servir de point de départ sur la Méditerranée.

De Biskra à Ouarglâ, se présente la première fraction à construire Elle aurait un parcours de 390 kilomètres.

De Ouarglà, le Transafricain occidental s'étendrait ensuite du 32° au 18°1/2 avec une inclinaison d'environ 6 degrés. C'est donc en somme, un tracé d'à peu près 1,698 kilomètres, qui, ajoutés aux 390 s'étendant entre Biskra et Ouarglâ, formeraient un ensemble d'environ 2,088 kilomètres de voie nouvelle à créer.

Naturellement, il ne faudrait pas compter sur les localités rencontrées pour en faire des stations. Ce seraient la plupart du temps des points sans intérêt et d'ailleurs trop éloignés les uns des autres, pour permettre au système de défense à établir d'être efficace.

Il y aura lieu au contraire de créer des gares espacées régulièrement. Ceci sera facile, puisqu'on traversera des solitudes, où rien ne s'opposera à l'établissement des stations dans des situations favorables. Celles-ci se prêteront ainsi mutuellement appui; de plus elles seront disposées de façon à attirer la population et le commerce.

Les stations, ainsi créées, seraient de trois sortes :

1e Les stations majeures ;

2° Les stations secondaires ;

3° Les stations ordinaires.

Les stations majeures seraient fondées tous les cent kilomètres ;

Les stations secondaires tous les 50 kilomètres ;

Les stations ordinaires tous les 10 kilomètres ;

Soit, depuis Ouarglâ jusqu'au Niger, 160 stations dont :

21 majeures ;

42 secondaires ;

145 ordinaires.

Ensemble 208 stations se défendant les unes les autres, puisqu'elles seraient reliées par la voie ferrée. Elles seraient, de plus, en communication, non seulement par l'électricité, mais par le bruit du canon, même par la vue. De cette sorte, à la moindre alerte, les secours pourraient arriver de deux côtés à la fois.

On pourrait objecter, qu'il y aura là un bien grand nombre de centres à créer, peu en rapport avec le commerce que produira le Sahara.

Il ne faut pas oublier que ces centres ne seront pas seulement des stations de chemin de fer, mais aussi des villages agricoles.

En effet, partout là, l'eau jaillera par l'action du soleil, et sous cette influence, nous le savons, le palmier et les autres cultures prospéreront. En même temps, des centres commerciaux se formeront, puisque chaque station comportera des magasins généraux, pouvant approvisionner la contrée et les caravanes, d'objets utiles au pays ; puis recevoir les productions du sol devant être exportées en Europe.

La figure 8 ci-après, montre la disposition d'une station.

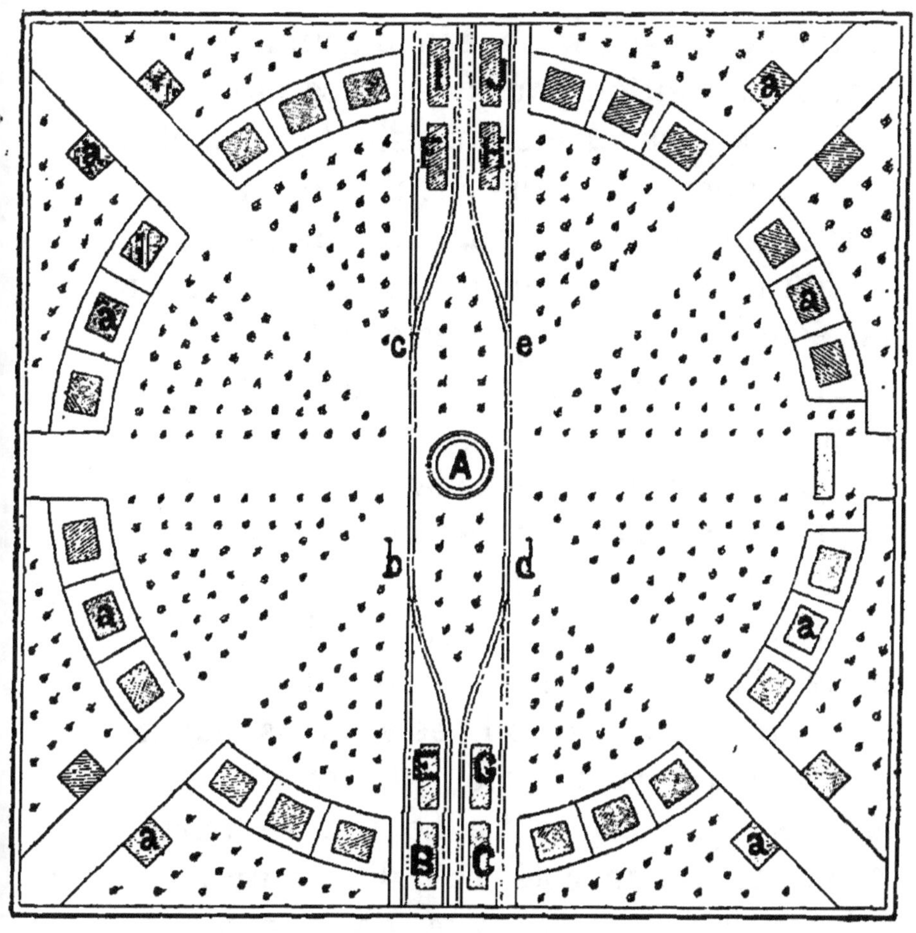

FIGURE 8.

Vue en plan d'une station de la ligne Transafricaine occidentale.

Cette station se compose :

1° D'un ouvrage de protection.

Cet ouvrage, vu sous la lettre A, serait formé par un réduit en fer, renfermant les éléments suffisants pour la défense, notamment des pièces d'artillerie pouvant protéger la ligne de tous côtés. Il serait de plus muni de tous les moyens d'action mis à notre disposition par la science moderne.

Ces moyens auraient d'autant plus d'efficacité, que pour l'instant ils sont absolument ignorés de la population de ces pays.

Peu d'hommes pourraient ainsi assurer la sécurité d'un rayon très étendu.

Chaque abri serait suffisant pour enfermer :

50 hommes dans les stations ordinaires;
100 dans les stations secondaires ;
500 dans les majeures.

Etant donnée la faiblesse numérique, que nous avons signalée, des assaillants pouvant surgir, la garnison des stations majeures pourrait aisément fournir des colonnes mobiles, qui, en cas de besoin, se porteraient soit d'un côté, soit d'un autre.

Donc, au point de vue de la sécurité, toutes garanties seraient absolument trouvées dans l'établissement de ces stations;

2° De la gare proprement dite.

La ligne serait d'abord construite à une voie.

Elle se bifurquerait autour du fortin blindé A, comme l'indiquent les lettres *bcde*, de manière à permettre deux stationnements : l'un d'aller, l'autre de retour.

Les bâtiments de la station proprement dite sont vus en B,C.

A proximité des bâtiments de la station seraient naturellement les magasins d'approvisionnement, de commerce, etc, etc. On les voit sous les lettres E, G, F, II, I, J ;

3° Des habitations.

Ces habitations vues en a, a, a, a, etc., seraient disposées tout autour de la place entourant le fort et le long des routes aboutissant à cette place. Les maisons, construites au début par la Compagnie, seraient mises moyennant redevance, à la disposition des habitants et de la garnison.

Celle-ci aurait à remplir un double rôle :

Celui de travailleur ;

Celui de défenseur.

En fait, elle formerait une sorte de garde sédentaire, qui constituerait le premier noyau de la population.

Toutes les habitations seraient revêtues de toits à plaques calorifiques, en sorte que non seulement ces toits pomperaient de l'eau et seraient producteurs de force motrice, mais encore, l'abri absorbant, formé par eux, protégerait les habitants contre l'ardeur du soleil.

Grâce à cette disposition, de l'eau en

abondance serait élevée. Or, avec les plantations qui résulteraient de cette possibilité d'arrosage, chaque station deviendrait vite le centre d'une oasis, allant toujours en augmentant; le soleil, l'agent moteur utilisé, ne pouvant faire, lui, jamais défaut, quelques développements que puissent prendre les oasis ainsi formées.

Quant à la place ou square ménagée autour du fort, elle comporterait l'établissement d'un marché, qui permettrait de laisser arriver toutes les populations du Désert jusqu'au centre de chaque station.

Ceci en toute sécurité pour les habitants, puisque ce marché serait sous la surveillance et la protection immédiate de l'ouvrage blindé central.

Les acheteurs viendraient nombreux, car, ne l'oublions pas, ils trouveraient dans les magasins de chaque gare, et à des prix bien inférieurs à ceux payés jusqu'ici, tout ce que peuvent fournir maintenant les caravanes.

La même disposition serait suivie pour la ligne allant du Niger au Grand-Bassam.

Cette ligne s'étendrait sur un parcours de douze degrés, soit environ 1,350 kilomètres.

Le même genre de stations serait ap-

pliqué dans cette ligne complémentaire ;
ce qui conduirait à l'établissement de :

1° 14 stations principales ;
2e 28 secondaires ;
3° 93 ordinaires ;

Ensemble : 135 stations.

Sur cette partie du parcours, en raison de la densité extrême de la population au Soudan, il serait possible de rencontrer des centres importants, par conséquent d'établir des stations desservant directement ces centres.

En résumé, la ligne Transafricaine occidentale s'établirait sur un parcours d'environ 3430 kilomètres et comprendrait :

35 stations principales ;
68 stations secondaires ;
240 stations ordinaires ;

Ensemble 343 stations.

Son coût se résumerait comme suit :

3430 kilomètres ou mieux 3500 kilomètres
  à 40.000 fr. par kilomètre soit. . fr. 140.000.000
240 stations ordinaires à 500.000 fr. soit 120.000.000
68 stations secondaires à 1.000.000 fr. soit 68.000.000
35 stations principales à 2.000.000 fr. soit 70.000.000

A reporter. . 398.000.000

Report .		398.000.000
Matériel (1)	fr.	40.000.000
100 bateaux solaires à 200.000 fr. soit		20.000.000
25 bateaux de défense à 200.000 fr. soit		5.000.000
Dépenses générales		10.000.000
Capital commercial		50.000.000
Intérêt du capital pendant cinq ans à 4 1/2 0/0		90.000.000
Imprévu.		187.000.000
Ensemble fr.		800.000.000

C'est ce capital, dont il nous faut maintenant étudier la formation et le rendement, ce que nous allons faire dans le chapitre suivant.

---

(1) Le prix de revient kilométrique serait ainsi de 96,570 fr. Ce prix se rapproche sensiblement de celui indiqué par M. l'ingénieur en chef des mines Pouyanne, pour la ligne d'Ain-Safra à Touarit, dans le Touat.

CHAPITRE VII

Moyens de réalisation

Il est bien évident que la France a le plus grand intérêt à pénétrer dans le Soudan et à rendre tributaires de son commerce et de sa production les nombreuses populations qui y vivent.

C'est elle qui doit porter là les éléments de la civilisation, et nous venons d'en expliquer les moyens.

Mais pour obtenir ce résultat, deux choses sont nécessaires :

1° De l'argent, et beaucoup, nous venons de le voir ;

2° Des hommes, pour travailler et défendre ce que le travail aura conquis.

Est-ce à l'Etat qu'il faut recourir pour ce double concours ?

Non ! il ne peut fournir ni l'un, ni l'autre.

Dès lors, c'est à l'épargne qu'il faut demander le capital ;

C'est à toutes les populations qu'il faut

emprunter des travailleurs; comme c'est en dehors de l'armée qu'il faut trouver la force pour se défendre.

Afin d'arriver à ce multiple résultat, il est nécessaire, nous l'avons dit, de constituer une Société puissante.

L'Angleterre nous a montré l'exemple, dans la conquête du continent asiatique, en créant la Compagnie des Indes. Cette Compagnie a été pour ses actionnaires une source de fortune immense, en même temps qu'elle a été un exutoire utile, pour les excédents de population de la mère-patrie.

Elle nous indique encore aujourd'hui la voie à suivre dans le continent africain même, où elle a créé deux Sociétés puissantes :

La Compagnie anglaise de l'Est africain;

La Compagnie anglaise du Sud de l'Afrique.

La Belgique a, de son côté, fondé *la Compagnie du Congo Belge.*

Ces précédents ne nous montrent-ils pas la route dans laquelle nous devons nous engager ?

La formation d'une *Société Française africaine*, n'est-elle pas en harmonie avec cet ordre de choses, avec la nécessité qu'il y a pour la France de prendre sa part, non seulement de l'Equilibre Européen mais aussi de l'Equilibre International ?

Evidemment oui !

Or, pour atteindre ce résultat, il faut que cette Société soit tout à la fois industrielle, agricole, commerciale, administrative.

Par ce moyen, on pourra arriver à la conquête pacifique indiquée ; mais par ce moyen unique, car, pour réunir tous les éléments d'action et les faire converger vers le but à obtenir, il faut une organisation puissante.

Il faut en effet que : chemins de fer, navigation, commerce, défense, tout en un mot soit dans les mêmes mains.

Nous avons proposé de désigner la Société qui réunira toutes ces attributions, sous le titre de : *Société Française du Centre occidental africain.*

Cette appellation est méritée, car l'association ainsi dénommée sera véritablement l'agent qui mettra l'Afrique intérieure en valeur. Ce sera elle qui dirigera vers la France le grand courant commercial, devant être la conséquence de ce nouvel état de choses.

J'ai expliqué comment la voie ferrée

à construire par la *Société Française du Centre occidental africain*, devait s'étendre sur un parcours de 3.500 kilomètres. J'ai aussi indiqué que le capital à employer devait être de 800,000,000 francs.

L'entreprise ainsi comprise est-elle impossible ?

Est-elle sans précédent ?

Impossible ?

Non ! car elle ne présente pas de difficultés relativement grandes.

Sans précédent ?

Non encore !

L'Amérique du Nord a su tracer le Trans-Continental américain ;

La Russie a pu créer le Trans-Caucasien ;

L'Amérique du Sud va établir son Trans-Continental, lequel reliera tous les Etats qu'elle comporte.

Pourquoi, nous, ne saurions-nous pas faire aussi bien ?

Alors, surtout, qu'il y a pour la France plus d'intérêt à agir que n'en avait aucun des peuples que nous venons de citer ?

Non-seulement il faut agir, mais il faut que ce soit vite, car je l'ai dit et ne saurais trop le répéter, la marée africaine monte rapidement ; plus tard, il ne serait plus temps.

Mais revenons au capital nécessaire.

Nous avons vu, qu'il s'élevait à 800,000,000 de francs. Voyons les moyens de le garantir, sans le concours de l'Etat.

Les pays à traverser sont immenses.

Ils s'étendent :

En profondeur, du vingt-cinquième degré, latitude Nord, au cinquième ;

En largeur, du dix-huitième degré à l'Ouest du méridien de Paris au dixième du méridien Est ;

Ensemble :

25 degrés en profondeur ou 2,775 kilomètres ;

28 degrés en largeur ou 3,100 kilomètres ;

Soit une superficie de 8,602,500 kilomètres carrés, ou plus de 16 fois la superficie de la France !

Or, sur cet immense territoire, l'Etat céderait à la Compagnie un espace de terrain de 200 kilomètres de largeur de chaque côté de la voie ferrée, à charge à cette dernière de désintéresser les populations qu'elle rencontrerait sur son parcours. Cette cession constituerait une bande de 400 kilomètres de largeur sur 3,500 de longueur, ensemble 1,400,000 kilomètres carrés, ou 140,000,000 d'hectares.

Cette concession, en apparence considérable, ne coûterait pas un centime à l'Etat. Il n'accorderait réellement que des terrains actuellement sans valeur, et sur lesquels il n'a même, à l'heure présente, aucune direction, aucune influence.

Au contraire, il recueillerait d'immenses profits, puisque tout le commerce soudanais reviendrait a la France et qu'il tirerait, des impôts de toute nature payés par ce surcroit d'affaires, un rendement considérable.

Rappelons-nous, en effet, qu'il y a par là cent millions d'habitants, prêts à s'initier aux progrès de la civilisation, possédant des richesses naturelles considérables, et qui, ne pouvant de longtemps se procurer par eux-mêmes autre chose que des produits de leur sol, tireront de chez nous tous leurs approvisionnements.

Quant à la garantie du capital fournie par la cession de terrain ci-dessus mentionnée, elle serait représentée par 140 millions d'hectares, portant sur 800 millions de francs, ce qui remet l'hectare à 5 fr. 71.

Il faut tenir compte que, dans la bande de terrain concédée, il se rencontrera bien des terres incultes.

Admettons que la proportion de ces non-valeurs incultes soit de 50 pour cent, le prix de l'hectare cultivable reviendrait donc à 11 fr. 42.

Or, si l'on veut bien voir :

Que le palmier prospère partout au désert ;

Qu'un hectare peut en recevoir 200, dont le rapport brut, annuel, au bout de cinq ans, déduction faite de la part revenant au cultivateur, peut être estimé à 5 francs, soit mille francs par hectare ;

On comprendra de suite quel revenu considérable surviendra de ce seul chef.

Il pourra être objecté que le palmier exige de l'eau. Le fait est très exact.

Le palmier boit en moyenne 25 litres d'eau par heure.

Mais ne l'oublions pas, le Soleil est là, puissant, et, nous l'avons démontré, c'est lui qui se chargera, à l'aide des moyens d'action que nous avons indiqués, d'irriguer les palmiers. Ceux-ci auront ainsi, suivant le dicton imagé des populations du désert : *les pieds dans l'eau et la tête dans le feu;* ce qui est la condition de vie de cet arbre si utile.

Ce n'est pas tout.

Si le commerce que fera surgir la *Société Française du Centre occidental africain* doit apporter à l'Etat un appui très rémunérateur, par suite précisément du grand concours d'affaires qu'elle fera naître, il est bien évident que cette Société profitera, elle, la première, de ce mouvement considérable.

Comme expédition et transit local, le commerce des dattes à lui seul donnera lieu à un immense trafic. Non-seulement la datte est l'aliment préféré dans ce pays et au Soudan; mais produite en grand, elle peut entrer largement dans l'industrie, en raison des quantités notables de sucre qu'elle contient.

M. Bedier estime que la région du Figuig au Touat, à elle seule, en produit annuellement plus de 7 millions d'hectolitres, pour une population de 900,000 habitants.

En dehors de ce commerce, toutes les productions du Soudan profiteront de la voie ainsi ouverte. Bois d'ébénisterie et de construction, dents d'éléphant, poudre d'or, gomme, fruits oléagiueux, etc., etc.; tout cela viendra vers l'Europe par le chemin tracé, au milieu de l'Afrique occidentale, par la voie transafricaine.

En retour, nous enverrons à ces peuples des céréales, qu'il est si important d'exporter pour que nos cultivateurs retrouvent la prospérité du passé. Nous leur porterons de plus du beurre, du fromage, du sel, qui, en certaines contrées de l'Afrique, vaut jusqu'à cent francs le kilo ; des tissus, de l'alcool, de la bougie, etc., etc.

Nous leur fournirons tous les éléments produits par notre industrie métallurgique. En un mot, nous les approvisionnerons de toutes choses pour la plupart encore inconnues chez ces indigènes, mais qui, en peu de temps, deviendront pour eux une nécessité.

Nous leur donnnerons en même temps les moyens de cultiver le caféier, le caoutchouc, etc., etc., toutes plantes industrielles, que leur climat rendra très productives.

Sur la ligne étudiée pour relier le Touat à Oran, c'est-à-dire une petite partie du désert, M. Pouyanne estime que le transport des marchandises amènerait un trafic annuel de 200,000 tonnes.

Ceci confirme ce que nous énonçons sur l'énorme transit que fera naître, en ces contrées, l'établissement de moyens de transports économiques et suffisants.

Ce n'est pas tout. Les voies ferrées ne se créeront pas sans amener un grand concours de voyageurs, et là encore, il y aura pour la Compagnie la source d'un bénéfice considérable.

Le temps viendra, peu éloigné, où les rives du Niger fourniront à nous autres Européens, des lieux de villégiature, des *Sanatorium* autrement agréables et chauds que ceux rencontrés sur les bords méditerranéens.

Les transports de voyageurs prendront donc une grande importance avec le temps, et cette importance sera d'autant plus grande, que le Soudan est un pays excessivement riche, qui ne demande qu'à jouir de ses richesses.

Voici, à ce sujet, ce que dit M. Duveyrier, l'éminent voyageur, que nous avons maintes fois cité :

« Peu de temps après mon arrivée à Gha-
« damès, je reçus la visite d'un marchand,
« qui, à Kanô, avait prêté à M. le docteur
« Barth, lors de son retour à Tombouctou,
« de l'argent au taux fabuleux de 100 0/0
« pour quatre mois. L'ayant dérisoirement
« complimenté sur sa libéralité, il me ré-
« pondit :

« Mais, je ne lui ai demandé que ce que
« m'eût rapporté, dans le même laps de
« temps, pareille somme employée en achat
« d'ivoire et sans courir l'ombre de chance
« de perte. »

Plus loin le même auteur ajoute :

« Il est d'ailleurs accepté par tous les
« Sahariens, comme axiome proverbial,
« que, pour s'enrichir, il suffit de faire un
« voyage au Soudan. »

Cette richesse ne date pas de notre époque seulement.

M. O. Houdas, dans sa remarquable tra-
duction de l'histoire de la dynastie Saa-
dienne au Maroc, raconte qu'Aboul-Abbas
El Mansour, après sa conquête du Soudan
en 1591, rapporta tant d'or :

« Qu'il y avait à la porte de son palais
« 1,400 marteaux, qui frappaient chaque
« jour les pièces d'or et il y avait, en outre,
« une quantité du précieux métal, qui ser-
« vait à la fabrication des boucles et autres
« bijoux. »

« Aussi » — ajoute Nozhet-el-Hâdi, l'his-
torien maure traduit par M. O. Houdas —
« El Mansour ne paya-t-il plus ses fonc-
« tionnaires, qu'en métal pur et en dinars
« de bon poids. »

Ajoutons, que les populations du Soudan sont, pour la plupart, inoffensives et que traitées avec justice et douceur, elles nous donneront rapidement confiance et affection. Noublions pas, entre autres choses, les atrocités causées actuellement par l'esclavage et le bien, au contraire, qu'amènera notre présence ; puisqu'en donnant asile à tous ceux qui auront besoin de protection, nous aiderons puissamment à l'abolition de ce trafic inhumain et honteux.

Ce que nous disons là, nous ramène à un dernier point de la question, c'est-à-dire à la sécurité qu'il faut assurer sur tous les points exploités par la Compagnie.

Evidemment, quelque douces que soient les populations, il faut encore compter avec les excitations des chefs, la défiance des premiers temps, les craintes qu'on pourra faire naître chez ces esprits naïfs et défiants, les préjugés, le fanatisme même.

Il faut donc qu'au fur et à mesure de l'avancement des travaux, les moyens de défense surgissent.

Précédemment, j'ai déjà traité ce sujet et je n'y veux pas revenir. Mais ce que je dois dire, c'est que la défense s'exercera sans le concours effectif de l'Etat.

La France a besoin, en effet, de conserver ses troupes en Europe. Mais avec les avantages que la Compagnie pourra faire, elle trouvera, parmi les hommes ayant satisfait à la loi du recrutement, des employés, qui, ayant fait ainsi leur éducation militaire, seront aptes à remplir un service tout à la fois civil et défensif.

En ces conditions on formera des cadres, dans lesquels viendront se grouper des contingents pris parmi les populations, attirées par les moyens d'action et de bien-être que nous leur procurerons.

On créera ainsi une sorte de gendarmerie locale, qui, approvisionnée d'armes supérieures, entretenue dans l'esprit de discipline et dans l'exercice des choses militaires, formera une véritable armée territoriale défensive.

Cette force deviendra d'autant plus suffisante, que, nous le répétons, le désert est peu habité, et que le Soudan nous fournira des alliés solides, dès qu'ils se sentiront véritablement soutenus, et n'ayant par suite aucune représaille à redouter.

Tout ceci n'est donc qu'une question d'organisation. Or, avec cette organisation, sans crainte on pourra, en trois à quatre jours traverser, dans quelques années, toute l'Afrique occidentale.

En commençant, je disais que l'opération n'avait rien d'osé, rien d'inconnu. Je disais qu'elle est supérieure en progrès, comme en profit, à tout ce qui s'est fait en ce genre à travers les continents.

Ici, en effet, l'entreprise est facile, parce que le pays n'offre aucune difficulté ;

Elle est de plus aidée par des moyens nouveaux, utilisant les propriétés naturelles des pays à traverser ;

Elle réunit donc des avantages exceptionnels.

Disons de plus que l'œuvre, ainsi réalisée, mettra à la disposition de la France :

3,500 kilom. de voies ferrées ;
10,000 kilom. de côtes fluviales navigables

Total : 13,500 kilom. de voies de transport à exploiter.

Et ceci au profit de notre commerce national, avec des populations habitant une surface de 8,602,000 kilomètres carrés.

Ces chiffres disent suffisamment l'intérêt considérable qui se rattache à la question. Ils précisent combien cette solution est pour la France, comme pour l'Algérie, une nécessité de premier ordre.

Un dernier mot!

N'oublions pas que le temps presse, que d'autres nations, placées bien moins avantageusement que nous, pourraient nous précéder dans la route que nous venons d'indiquer.

Or il ne dépend que de nous d'ouvrir immédiatement cette route, et de posséder les immenses avantages qu'elle livrera à ceux qui sauront l'établir.

Donc — agir — et agir promptement, tel est le mot qui doit résumer cette étude.

CH. TELLIER.

FIN

TABLE DES MATIERES

FIN DE LA TABLE

PARIS. — IMP. CHARLES SCHLAEBER, 257, RUE SAINT-HONORÉ.

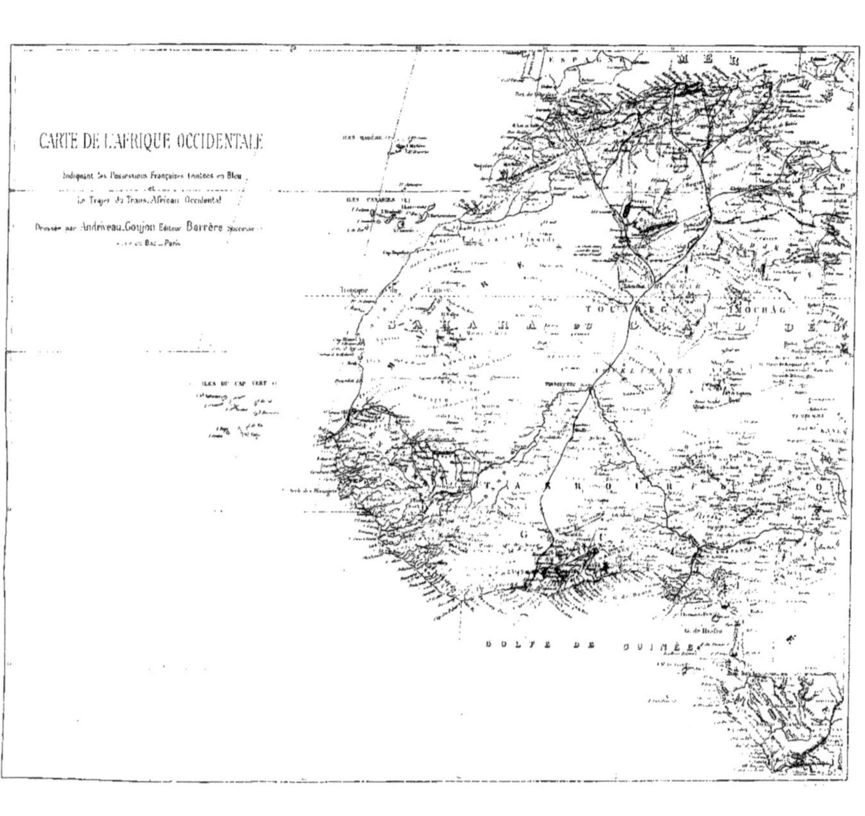

CARTE DE L'AFRIQUE OCCIDENTALE
Indiquant les Possessions Françaises teintées en Bleu
et
le Trajet du Trans-African Occidental
Dressée par Andriveau-Goujon Éditeur Barrère Successeur
en Bas — Paris
MER
ESPAGNE
ILES MADERE
ILES CANARIES
ILES DU CAP VERT
SAHARA
TOUAREG
IMOCHAG
TAKROUR
GOLFE DE GUINÉE
G. de Biafra